国家出版基金项目
NATIONAL PUBLICATION FOUNDATION

地球观测与导航技术丛书

中国新时空服务体系概论

曹　冲　景贵飞　苗前军　肖雄兵　李冬航　邵剑晖　著

科学出版社

北　京

内 容 简 介

本书从中国北斗卫星导航系统和 GNSS 技术出发，以其所提供的时间和空间信息服务为基础，提出海陆空天一体化战略设想，探讨北斗导航系统升级版，描绘泛在时空信息服务发展蓝图。本书涉及从工业文明向信息文明时代转折发展的宏大主题，论及新时空概念、理论、实践，进而论述服务体系的架构及其宏伟前景，体现中国服务和以人为本的根本理念。

结合当前实际，本书试图从中国"创新驱动发展，融合引领跨越"进程中，找到与科学技术、经济发展、社会进步密切相关的重大主题，且以"新时空服务"这样的核心主线为依托平台，探索将目前流行的许多新概念，如物联互联网、云计算、大数据、智能城市等，进行有机整合融合，促进相关科学、技术、产业全面创新，促进新兴的智能信息产业快速形成发展，实现中国服务的体系化推进和引领性跨越。全书围绕新时空服务主题共分五章，分别为引言、理论、实践、体系和前景展望。

本书读者对象为关心国家和时代信息化、智能化、产业化发展战略的人们，主要包括科技人员、公务人员和各类社会贤达与热心人士。

图书在版编目(CIP)数据

中国新时空服务体系概论/曹冲等著. —北京:科学出版社,2015.9
（地球观测与导航技术丛书）
国家出版基金项目
ISBN 978-7-03-045629-8

Ⅰ.①中…　Ⅱ.①曹…　Ⅲ.①卫星导航　Ⅳ.①TN967.1

中国版本图书馆 CIP 数据核字(2015)第 212710 号

责任编辑：朱海燕　张　欣 / 责任校对：赵桂芬
责任印制：肖　兴 / 封面设计：王　浩

科 学 出 版 社 出版
北京东黄城根北街 16 号
邮政编码:100717
http://www.sciencep.com

中国科学院印刷厂 印刷
科学出版社发行　各地新华书店经销

*

2015 年 9 月第 一 版　开本:787×1092　1/16
2015 年 9 月第一次印刷　印张:11 1/4
字数:260 000
定价:59.00 元
（如有印装质量问题,我社负责调换）

《地球观测与导航技术丛书》编委会

顾问专家

徐冠华　龚惠兴　童庆禧　刘经南　王家耀
李小文　叶嘉安

主　编

李德仁

副主编

郭华东　龚健雅　周成虎　周建华

编　委（按姓氏汉语拼音排序）

鲍虎军　陈　戈　陈晓玲　程鹏飞　房建成
龚建华　顾行发　江碧涛　江　凯　景贵飞
景　宁　李传荣　李加洪　李　京　李　明
李增元　李志林　梁顺林　廖小罕　林　珲
林　鹏　刘耀林　卢乃锰　闾国年　孟　波
秦其明　单　杰　施　闯　史文中　吴一戎
徐祥德　许健民　尤　政　郁文贤　张继贤
张良培　周国清　周启鸣

《地球观测与导航技术丛书》出版说明

地球空间信息科学与生物科学和纳米技术三者被认为是当今世界上最重要、发展最快的三大领域。地球观测与导航技术是获得地球空间信息的重要手段,而与之相关的理论与技术是地球空间信息科学的基础。

随着遥感、地理信息、导航定位等空间技术的快速发展和航天、通信和信息科学的有力支撑,地球观测与导航技术相关领域的研究在国家科研中的地位不断提高。我国科技发展中长期规划将高分辨率对地观测系统与新一代卫星导航定位系统列入国家重大专项;国家有关部门高度重视这一领域的发展,国家发展和改革委员会设立产业化专项支持卫星导航产业的发展;工业和信息化部、科学技术部也启动了多个项目支持技术标准化和产业示范;国家高技术研究发展计划(863计划)将早期的信息获取与处理技术(308、103)主题,首次设立为"地球观测与导航技术"领域。

目前,"十一五"计划正在积极向前推进,"地球观测与导航技术领域"作为863计划领域的第一个五年计划也将进入科研成果的收获期。在这种情况下,把地球观测与导航技术领域相关的创新成果编著成书,集中发布,以整体面貌推出,当具有重要意义。它既能展示973计划和863计划主题的丰硕成果,又能促进领域内相关成果传播和交流,并指导未来学科的发展,同时也对地球观测与导航技术领域在我国科学界中地位的提升具有重要的促进作用。

为了适应中国地球观测与导航技术领域的发展,科学出版社依托有关的知名专家支持,凭借科学出版社在学术出版界的品牌启动了《地球观测与导航技术丛书》。

丛书中每一本书的选择标准要求作者具有深厚的科学研究功底、实践经验,主持或参加863计划地球观测与导航技术领域的项目、973计划相关项目以及其他国家重大相关项目,或者所著图书为其在已有科研或教学成果的基础上高水平的原创性总结,或者是相关领域国外经典专著的翻译。

我们相信,通过丛书编委会和全国地球观测与导航技术领域专家、科学出版社的通力合作,将会有一大批反映我国地球观测与导航技术领域最新研究成果和实践水平的著作面世,成为我国地球空间信息科学中的一个亮点,以推动我国地球空间信息科学的健康和快速发展!

李德仁

2009 年 10 月

序　言

　　顾名思义，该书所谓的《中国新时空服务体系概论》（以下简称《新时空》），旨在概括地论述"新时空"这一革命性科学命题的三个不同层面，这就是：在信息文明时代的新时空服务理论、实践及其体系框架组构。翻开《新时空》，一股清新的气息扑面而来，创作者把一个深邃的科学命题用通俗易懂的话语表达出来，而且充满科学理论探索新意、技术实践创新思考以及产业和社会生态体系的发展前景预测与展望。为此，我乐于写序，以表支持、倡导、推荐之意。

　　从当前实际和中长期发展而言，在北斗卫星导航系统应用产业及其升级换代进程中，《新时空》牢牢地抓住了北斗卫星导航系统一体化提供的时间空间参数能力，作为关键要素和核心主线，针对国家在"创新驱动发展，科技引领跨越"过程中，尤其是在推进新一代信息技术和智能信息产业跨越发展中，所面临的重大难题和战略瓶颈，探索寻求解决问题的理论、方法与策略举措，在提出技术融合和产业融合发展模式的基础上，明确勾画出现阶段和今后相当长时期内实现泛在、智能、绿色发展的新时空服务的方向与任务。我在这里将其当前直接面临的使命简单地归纳为：从国家安全战略与经济社会发展全局出发，创建前瞻性的时空服务理论，并以北斗卫星导航系统所提供的时间空间信息为基础，聚合多种卫星应用，融合多项系统技术，整合多样数据资源，构建天地一体、无缝覆盖、功能强大的时空信息服务网络，建立国家不可或缺的安全高效、自主可控的时空服务平台与体系，提高对全球信息资源掌控治理能力，打造开放创新、融合集聚、跨越发展的综合实力和国际竞争力，为推动中国特色智能信息服务产业的全球领先发展，为实现"中国梦"的"两个一百年"运筹帷幄、鸣锣开道和奠基铺路。

　　《新时空》涉及当前中国发展和今后很长一个时间段中面临的一系列重大关切、重大难题、重大挑战，从整体思维、战略视角、理论突破、技术创新、体系跨越，乃至哲学层面和世界观、价值观等众多领域，针对不同技术、不同产业、不同形态的应用与服务，在国内外不同地域空间形态的横向分布，进行了较为全面的审视，同时又对历史的、现实的、未来的发展进程进行了纵向梳理，找到了时代文明以信息为主线的发展脉络，在信息文明时代的令人眼花缭乱的百事待举世界中，抓住了"新时空"这个"牛鼻子"，抓住了这一具有引领创新、融合分享、跨越发展的不可或缺、无法替代的抓手，并且在理论、实践、体系层面进行了创造性的探索与研究，获得了具有相当价值的创新成果，成为科技服务时代一只一鸣惊人的报春鸟。可以说，《新时空》在这里仅仅是个开端，后面随之而来的将是一系列的惊喜，是可以想见的。尤其值得指出的是：其研究成果能够与现实世界和长远发展密切结合，极具指导意义和利用价值，并可做到日久弥新；而且会深入到国家安全、国民经济、社会生活的方方面面，因为时空无处不在、无时不在、无所不在。什么是信息文明时代的核心价值，那就是服务。信息的价值就在于分享服务。在信息发达时代，依托"一网打尽"这个网络大平台，实现无时不在、无处不在的服务生产与消费，人人都是信息的消费者，同时也是信息的生产者，必将形成"产消者"这样的"新人类"，引导信息服务逐步向高端、高层次发展，需求的差异化越来越多，服务的多样化、专家化、个性化越来越丰富，大数据、云计算、物联网和智能城市等应运而生，智能服务无所不在，无所不能，实现"人人为我、我为人人"的价值观将从理想变为现实，将"为人民服务"这一理念推进到互动的更新层级，推向更加泛在的包括服务者本身在内的"人人服务、服务人人"的崭新高度和发展阶段。

从广义上说，《新时空》所主张的宗旨，是将新时空服务体系在智能信息产业中的统率领军作用和生命线活力，与云计算、大数据、智能化与无线革命相结合，从根本上为"现代产业、商业和社会管理与未来预测学"奠定科学技术基础，用来指导整个科学、技术、产业、经济、民生、社会变革和管理革命的发展进程，具有普世价值。总而言之，新时空服务体系代表中国"创新驱动发展、科技引领跨越"的重大标志性战略领域，它涉及六大要素领域：卓越研究机构、领军学科群体、国家科技智库、创新人才高地、骨干企业集群、智能信息产业。

新时空科学理论、技术实践和发展体系的创新研究确定的国家级奋斗目标，可分为三个层次：一是打造卓越技术系统，以北斗卫星导航系统为基础，实现GNSS的兼容与互操作，进而通过多种系统技术的组合融合，包括导航与通信、3S＋C、无线电与声光机电磁的组合融合，建立室内外无缝的泛在时空（定位、导航、授时）服务的系统之系统理论基础和实践指导标准，服务于今后10～20年的行业发展；二是创造跨越产业体系，以泛在时空服务系统为基础，构建全源感知、普适传输和智能服务为主要环节的信息产业链，以及技术支撑、市场推进、条件保障三大系统组成的智能信息产业发展体系，并从牛顿静态时空理论和爱因斯坦动态时空理论，跨越发展到新兴的中国特色的时空服务理论体系，将科学理论从高不可攀的神圣殿堂里解放出来，在今后 20～30 年内为中国人民服务和全人类造福；三是缔造超越发展社会，以新时空服务理论体系为基础，造就信息社会特有的"人人都是消费者、人人也是生产者"的"人人服务、服务人人"的生存环境，缔造社会、经济、政治、文化技术的全方位多层次生态发展理论与实践体系，以期在今后的30～50 年间，实现中华民族的伟大复兴和"中国梦"的"两个一百年"，将中国造就为世界一流的科技和产业强国，实现从信息时代的智能社会向知识时代的智慧社会的划时代跨越超越发展。

2014 年 12 月于北京

前　言

记得我上学的时候，从小学到大学，在说到中国发展的伟大目标时，是实现"三化"和消灭"三大差别"，也就是实现国家的"机械化、电气化和自动化"，并最终要消灭"工农差别、城乡差别和体力劳动与脑力劳动之间的差别"。时间过去了一个多甲子，许许多多的国家宏愿都已经实现了，但是真正要实现这个伟大目标，我们还在征途上，还有很长很长的路要走。虽然，我们已经进入网络时代和信息社会发展阶段，但是作为一个伟大的国家目标，实际上需要几代，甚至十几代、几十代人的努力，是个伟大的历史进程。当然，时代不同了，许多专用名称的提法也不尽相同，与时俱进，需要给大目标赋予更加符合时代精神的内涵。然而，万变不离其宗，最终目的是实现开放公平、和谐均衡、人人为我、我为人人的社会进程，达到人人都是生产者，人人又都是消费者的"产消者"主体社会，进而迈进到"人人创新、协同分享"的发展时代，造就新科技、新产业、新社会、新人类。

现在看来，我们在奔向伟大目标的长途中，前进速度越来越快，距离目标越来越近，发展路线图越来越清晰，而中国复兴梦就是个重大里程碑，我们正在满怀信心地、大踏步地走向未来。人类历史从原始文明出发，经过了农牧文明和工业文明时代的洗礼，已经步入信息文明时代的发展时期，业已从数字化、网络化发展阶段，进入智能化发展阶段。如今，我们正处在一个极其伟大的变革时代，人类社会正处在从工业文明向信息文明迈进的重大时代转型期，社会资源正处在从过度集权式、集中化时代向分布式、分享化时代发展，经济和文化生产与消费方式正在从过度集约化、单一化向网络化、扁平化、多样化自组织方向发展，当今世界正处于从"分久必合""积重难返"走向"合久必分""协同创新，融合分享"的历史转折点。目前，中国经济和社会发展面临多种多样的机遇与挑战、困难与问题，涉及内政和外事、城市通病和能源环境危机，以及稳增长、促改革、调结构、惠民生、防风险一系列任务。同时，各种各样的新思维、新概念、新提法、新名词，层出不穷，令人眼花缭乱，莫衷一是。关于时代的提法，就有航天时代、信息时代、数字时代、比特时代、智慧时代、网络时代、互联网时代、云计算时代、大数据时代、新经济时代、知识经济时代等不一而足，面临的"革命"

更是多如牛毛，如"第三次浪潮""第三次工业革命""第四次工业革命""第二次机器革命""第三次科技革命""第四次科技革命""电子信息技术革命""计算机技术革命""互联网革命""新生物革命"等比比皆是。可见，当前重中之重的使命是如何从纷繁复杂的概念和难题中突围，认准理论突破口，占领技术制高点，抓住战略体系的"牛鼻子"，这将是中国的机会，中国的希望，也是中国的挑战。

"创新驱动发展，融合引领跨越"，这是我们依靠科技实现创新融合和跨越发展的重要战略原则。首先，重中之重是需要理论上的创新突破，在信息时代这个大前提下，能够在过去、现代和将来的时代变迁层面上与国家、区域和全球的地缘空间的发展脉络之间，寻找交汇结合点，以不变应万变地把握住时空这一历史和时代与现实和虚拟相互交融的主轴，终于找到了"新时空服务"这一制高点，这一现时代科技与产业发展的关键共性基础，这个能够牵一发动全身的时代和社会发展的核心主线，这一国家战略可开发可借助可依托的重器、利器、大器和神器，找到这样的"牛鼻子"抓手和"服务为王"的发力点，实现整体性体系化组装和全方位多层次集群创新发展，这就是本书的主攻方向，就是本书《中国新时空服务体系概论》的立论所在。为了实现新兴科技、产业、社会的以人为本的服务化进步，为了实现国家整体式融合创新和跨越发展，必须由"新时空服务及其体系"概念入手，将现时代热议的许多新概念、新思维、新技术、新产业，从科学理论、技术实践和产业发展与生态体系层面上，由表及里、去粗存精地加以梳理分析，研究精炼，提高融合，理清来龙去脉和语境，行承前启后，成天造地设，贯穿贯通物联网、云计算、大数据、智能化和无线电革命等一系列新兴产业首尾，实现根本性体系化创新突破，并确立新时空服务体系发展路线图，通过实现"四大创新"，赢得"四大制权"，打造"四大体系"，即实现理论创新，赢得制时空治理权，打造国家安全和国民诚信保障体系；实现技术创新，赢得制国际话语权，打造全球领先的时空技术创新体系；实现产业创新，赢得制发展主动权，打造产业转型升级跨越发展体系；实现体系创新，赢得制标准知产权，打造全方位多层次群体创新、协同推进、分享服务的社会生态体系。因此，全书分为五章，第1章是背景概述，第2章是科学理论，第3章是技术实践，第4章是体系架构，第5章是发展前景。同时，本书还提出了新时空服务体系组成要素的"七律"，即时空一体，泛在智能；实时动态，确保精准；海陆空天，一网打尽；变自生变，以速制衡；全息互联，以人为本；协同分享，群体创新；简约极致，服务人人。贯穿全书的是时空信息、智能互联、协同创新、网络集群和服务分享。当然，本书只是概论，仅仅是个开篇。从新时空服务体系论述来讲，后面还有很多的新篇、续篇，有待大家今后不断努力。由于是在探索，本书多有不足，敬请多加指正。

本书能够成书付梓，委实仰仗孙家栋院士的热情支持鼓励，竭诚关心照料，精心指导点拨，在此向孙老致以崇高的敬意和衷心的感谢。

2014 年 12 月于北京

目　录

《地球观测与导航技术丛书》出版说明

序言

前言

第1章　引言 ……………………………………………………… 1

1.1　新时空服务科学命题的提出 …………………………… 1

1.1.1　理论提出的必然性 ……………………………… 1

1.1.2　主要理论和实践依据 …………………………… 3

1.1.3　应信息时代和信息社会发展需求而生 ………… 4

1.1.4　需要体系化突破和推进 ………………………… 4

1.1.5　新形势需要融合创新服务，引领跨越发展 …… 5

1.2　信息时代的由来和发展的历史进程 …………………… 5

1.2.1　信息的定义 ……………………………………… 5

1.2.2　信息在不同历史时代的发展进程 ……………… 6

1.2.3　信息社会的信息发展过程与阶段 ……………… 10

1.2.4　信息时代的智能化发展阶段 …………………… 15

1.2.5　信息时代的宇宙观 ……………………………… 18

1.2.6　信息时代的时空观 ……………………………… 20

1.3　重要概念、定义和原理 ………………………………… 22

1.3.1　宇宙是时间和空间的大千世界 ………………… 22

1.3.2　时间与空间是人类一切活动的两大参考体系 … 23

1.3.3　新时空一体化理论 ……………………………… 26

1.3.4　新时空服务的定义 ……………………………… 27

1.3.5　新时空服务推进理论、科技、产业、体系"四大创新" … 27

1.3.6　古代的时空观和近现代时空观 ………………… 28

1.3.7　新时空服务理论的创新 ………………………… 32

1.3.8　基本术语 ………………………………………… 32

第2章　新时空服务理论 ………………………………………… 37

2.1　新时空服务体系的来龙去脉 …………………………… 37

  2.1.1 时空的普遍性原理 ……………………………………… 37

  2.1.2 时空信息的时代特色 …………………………………… 37

  2.1.3 国家时空信息服务体系的基础 ………………………… 38

  2.1.4 时代的呼唤和新时空"新"在何处？ ………………… 39

2.2 GNSS面临转折发展与脆弱性考验 ……………………………… 40

  2.2.1 "新时空"是产业瓶颈与壁垒的化解对策与谋略 ……… 40

  2.2.2 "新时空"是信息产业发展的核心主线和领头羊 ……… 41

  2.2.3 时空是统一信息产业体系的框架和融合一切的主线 …… 42

2.3 新时空服务是客观需求，是创新驱动和引领跨越发展的基础 …… 42

  2.3.1 新时空服务全面体现"创新驱动发展"宏大理念 ……… 42

  2.3.2 新时空服务引领跨越发展，与中国梦息息相关 ………… 43

  2.3.3 时空一体将统领智能信息产业走向战略性新兴产业主战场 … 44

  2.3.4 "新时空"方向、任务与目标和承载的国家战略和使命 … 44

2.4 新时空理论的基本属性和秉赋 …………………………………… 45

  2.4.1 时空信息与物质的不可分割性 ………………………… 45

  2.4.2 时间和空间的融合一体性 ……………………………… 46

  2.4.3 时空服务需要四大创新 ………………………………… 46

  2.4.4 信息是世界的本质，是群体行为 ……………………… 46

  2.4.5 信息的五种基本属性 …………………………………… 47

2.5 信息社会的世界观和价值观及新时空理论创新与方法论 ……… 49

  2.5.1 现代信息经济社会发展的世界观 ……………………… 49

  2.5.2 信息资源是财富，更是服务大众的共享资源 ………… 50

  2.5.3 从工业化时代的"合"迈向信息化时代的"分" ……… 51

  2.5.4 新时空推进的是伟大的时代转变 ……………………… 52

  2.5.5 新时空以人为本，创建新社会形态 …………………… 53

  2.5.6 大小"金三角"理论的衍生和应用 …………………… 54

  2.5.7 卫星导航方法论 ………………………………………… 55

2.6 信息时代，科技是第一生产力 …………………………………… 55

  2.6.1 新时空服务体系是面向四位一体的实践 ……………… 58

  2.6.2 时空一体融合具备五大基本性质 ……………………… 58

  2.6.3 时空一体化理论促进新一代信息技术的集聚 ………… 59

  2.6.4 新时空理论的体系化实践是实现跨越发展的关键 …… 59

第 3 章　新时空服务实践 ·················· 61

　3.1　GNSS 发展是新时空实践的起始里程碑 ·········· 61

　　3.1.1　四大 GNSS 发展格局开启时空信息服务全新时代 ········ 61

　　3.1.2　全球卫星导航产业已迎来大变化、大转折、大发展时期 ······ 64

　　3.1.3　卫星导航产业发展正推动信息产业演进成革命性大转折 ····· 65

　　3.1.4　卫星导航强国业已进入泛在时空服务的领域和发展时期 ····· 65

　　3.1.5　GPS 系统及其产业发展提供的启迪与借鉴 ·········· 66

　　3.1.6　其他系统发展的经验和教训 ··············· 67

　3.2　GNSS 概念的演变发展与历史进程 ············· 68

　　3.2.1　GNSS 的定义和系统构成 ··············· 68

　　3.2.2　GNSS 的来龙去脉 ················· 69

　　3.2.3　卫星导航系统的组成及其进步 ············· 73

　　3.2.4　GNSS 应用技术的发展趋势 ·············· 86

　3.3　北斗系统是中国新时空服务体系的核心基础设施 ······· 88

　　3.3.1　"北斗一号"的发展历程 ··············· 88

　　3.3.2　"北斗二号"的豪迈进军 ··············· 90

　3.4　中国北斗系统面临的机遇和挑战 ·············· 91

　　3.4.1　中国卫星导航产业尚处在初创阶段 ··········· 91

　　3.4.2　中国卫星导航产业的市场规模现状和前景预测 ······· 92

　　3.4.3　中国卫星导航产业面临的主要问题及其对策建议 ······ 94

　3.5　以北斗系统为基础全力推动新时空服务体系发展 ······· 97

　　3.5.1　中近期目标是推动北斗应用服务 ············ 97

　　3.5.2　泛在智能位置服务是实践新时空信息服务的重要方向 ····· 101

　3.6　作为新时空理论实践的起点是要认真解决若干重大问题 ···· 103

　　3.6.1　北斗应成为中国卫星导航产业核心主体和关键推动力 ····· 103

　　3.6.2　"十二五"与"十三五"期间是中国卫星导航产业关键期、攻

　　　　　 坚期 ····················· 104

　　3.6.3　中国卫星导航产业需要国家总体战略与政策指导 ······· 104

　　3.6.4　中国卫星导航产业需要建设国家级基础设施和科技平台 ···· 105

　　3.6.5　中国卫星导航产业需要实现国内联合,推进产业联盟 ····· 106

　　3.6.6　中国卫星导航产业需要大力推进产业的"五化"进程 ····· 106

　3.7　北斗产业元年开创新时空服务的新纪元 ············ 106

第 4 章 新时空服务体系 ································· 109

4.1 新时空服务体系面临的形势概述 ················· 109

4.1.1 大转折时代的特色，与新时空一脉相承 ········· 110

4.1.2 产业发展呼唤卫星导航升级，泛在导航应运而生 ······· 111

4.1.3 泛在服务来源于市场驱动和科技牵引的双重作用 ······· 112

4.2 时空信息科学技术革命推进智能信息产业革命和以人为本的
社会革命 ··································· 113

4.2.1 如今的新时空信息服务革命，具有引领示范效应 ········ 114

4.2.2 信息革命本质上是智力革命，或者说是智能信息革命 ······ 114

4.2.3 世界是平的，为群体创新铺平了道路 ············· 115

4.2.4 网络革命真正含义是在群体创造崭新时代，在于集体智慧 ···· 116

4.2.5 信息产业的科技与产业革命是一场信息流、时空流革命 ······ 117

4.3 信息产业需要实现战略性升级改造和走向智能信息产业的
跨越发展 ··································· 117

4.3.1 智能信息产业是信息产业作为战略性新兴产业的核心内容 ···· 118

4.3.2 卫星导航系统是新时空的核心基础 ············· 119

4.3.3 国际四大卫星导航全球系统互补竞争态势初步形成 ······ 119

4.3.4 泛在时空服务将要成为智能信息产业发展主流 ········ 119

4.3.5 北斗"热"需认真应对和准确引导 ············· 120

4.3.6 产业有望短期内实现由小到大、由弱到强的跨越发展 ······ 120

4.3.7 促进产业生态体系化建设形成全面推动时空服务的创新合力 ·· 121

4.3.8 作为智能信息产业核心的卫星导航产业的发展前景 ······ 121

4.3.9 信息智能化服务是新兴信息产业发展的重头戏 ········ 122

4.3.10 中国新时空服务是智能信息产业的核心动力和发展主线 ····· 123

4.4 空间和时间信息是智能信息产业的基础和主体 ·········· 124

4.4.1 智能信息产业将成为新兴信息产业的核心推动力 ······· 124

4.4.2 "北斗"为智能信息产业的跨越式发展创造了前所未有的大好
时机和环境 ······························· 125

4.4.3 智能信息产业是智能化技术集合和产业群体 ·········· 125

4.5 中国新时空服务体系的定义、必要性和整体框架 ··········· 125

4.5.1 中国新时空服务体系的定义和需求要素概览 ········· 125

4.5.2 新时空服务体系必要性主要表现在三个方面 ········· 127

4.5.3 新时空服务体系框架和内容要点 ·············· 128

4.6 中国新时空服务体系的愿景、体系概念、战略思维和体系的
主要组成及其延伸 ·· 128

4.6.1 目标愿景与体系概念 ·· 128

4.6.2 体系的战略思维 ·· 130

4.6.3 总体策划与顶层设计 ·· 131

4.6.4 体系构成之一：基础设施与资源共享，技术的融合与集群式发展
·· 133

4.6.5 体系构成之二：技术集成融合与解决方案是产业融合与资源配
置的根本性转变 ·· 134

4.6.6 体系构成之三：协调管理与合作联合是新时空的机制体制管理
创新 ·· 136

4.6.7 中国新时空体系的发展前景 ····································· 138

4.6.8 与中国新时空体系相关的大数据等技术系统和产业领域 ······· 139

4.6.9 新时空是智能信息产业的核心要素与共用基础 ············· 144

第5章 前景展望 ··· 147

5.1 网络划时代开拓信息社会新历史 ····································· 147

5.2 新时空理论是现代科学技术革命的继续和延伸 ·················· 148

5.3 新时空服务体系是中国大国和平崛起的重大标志 ··············· 149

5.4 新时空理论以其宏大而契合实现"中国梦"的"两个一百年"
目标 ··· 150

5.5 实践上升为理论，引申出国家体系的需求 ························· 152

5.5.1 中国时空服务体系实施是个宏大的历史进程 ··············· 152

5.5.2 体系的重中之重是总体战略规划和顶层设计与协调管理 ··········· 153

5.5.3 体系整体推动科技和产业快速发展 ··························· 154

5.5.4 体系创新将全面推进安全、经济、社会、民生持续发展 ·········· 155

参考文献 ··· 156

索引 ·· 157

第1章 引 言

1.1 新时空服务科学命题的提出

我们正处于一个伟大转折的时代，从工业文明时代走向信息文明时代，后者是完全不同于前者的新兴社会形态，许多原有的观念可能会发生颠覆性的改变。现在的人们已经逐步持有这样的认知和观点：从宇宙视角看，信息是世界的主导力量之一，是天地乾坤的生命脉息记录及其演变的客观映射。科技则是发现、传播、利用信息的手段与途径，是信息大千世界的共生体。而时间和空间是信息的主体和生命过程关键特性的表征，也是现代信息服务体系的整体支撑的基础架构。

宇宙为何物？宇宙由时空、物质和能量构成，实际上是表现为（虚拟的）信息世界、（现实的）物质世界及它们的运动和变化。时间与空间和物质的不可分割性，实际上，是信息和物质的不可分割性的体现。信息必须有载体，有其产生的源，即信源，信息必须要有存储、处理、传输、显示、发布的介质、媒体和渠道，与物质不可分，与天地万物，包括人员、事件和物体息息相关。时空是一体的，相互可以转换，在哲学概念上存在有限和无限、相对和绝对、宏观和微观、质变和量变等区别和认知以及不同理解。

1.1.1 理论提出的必然性

自有地球文明以来，人类大体上经历了原始文明、农牧文明、工业文明和信息文明等多个社会文明发展阶段。时空始终是历史发展进程的主轴和社会发展的主线。农牧文明时期经历了数千年，人们日出而作，日落而息，朝观旭日东升，晚看夕阳西下，经历春夏秋冬季，环顾东西南北中，尚未出现时空理论，有的只是朴素的自然时空观。工业文明时期，历时数百年，在所谓的牛顿时代，形成了静止状态下的绝对时空理论，且认为时空是分离的。后来到了爱因斯坦时代，在其狭义和广义相对论中，时空理论逐步完善，形成了运动状态下的相对时空理论，而且明确提出时空一体和相互可以转换的概念。当历史进入信息文明和网络时代，进入 21 世纪的今天，我们应该有个什么样的时空观，或者说是时空理论？现代新时空理论显然应该有别于工业文明时期的爱因斯坦时空理论，它的显著特点是走出高不可攀的科技神圣殿堂，走向现实世界，走向信息经济，走向社会民生，拥抱大众，拥抱生活，拥抱未来，做到真正的接地气，实现从"顶天"到"立地"的革命性转化过程。当代中国人完全有机会、有条件、有能力创造一套符合信息时代要求的、具有中国特色的、服务于全中国全人类的新时空服务体系，成为"中国梦"的"两个一百年"的重要组成部分。从某种程度上说，这是科学技术革命、产业市场革命和社会文化革命的又一只报春鸟，其意义不可估量。

现代信息社会，推进的是电子信息革命，其真正的发端是数字化，实现用"0"和"1"将所有模拟参量均可变为数字，即所谓的比特革命。然后进入网络化，就是将世界的万物都连接起来，实现互联互通，即所谓的网络革命。现在发展到智能化阶段，贯穿其中的是云计算的智能流，以及时空信息与人、事、物（人员、事件、物体）的其他属性信息组合在一起的数据流。数字化和网络化依托的是"硅革命"，主要是大规模集成电路和工业化制造，是硬件和硬实力，推动的是有形的实体经济；而智能化依托的是科学、知识、数据、工具和能力，是软件和软实力，推动的是无形的知识经济和虚拟经济。硬件和软件这两个方面都是可以实现巨大规模化运作的资源，但是硬件方面同质化现象更为严重，所以往往是以大公司运作为主，适合精英化集约式运作，而在软件方面，在信息数据大量的生产衍生复制的同时，可以实现更多的专门化、个性化、定制化，所以其多元化、多样化、复杂化程度与日俱增，适合个体化蜂群式运作。而且分布式群体化自组织的软实力形成和发展所要求的资源消耗小、成本低，更加符合发展绿色产业、低碳经济、可循环利用、可持续发展的客观需求。

为此，必须研究形成新的时空理论，树立面向信息时代未来发展的新时空观，改变原先人类发展信息匮乏阶段对时空信息需求的模糊认识，进而指导信息爆炸和信息产业逐步迈向智能化、智慧化，这是我们应该共同努力的方向。而这一新时空理论，在某种程度上说，完全不同于此前的时空理论，其重点是在围绕针对时空信息的感知、处理、传递和应用等方面的服务建立体系化的理论基础。因此，我们所研究的"新时空服务体系"并非研究时间与空间本身的理论问题，而是将时空科学技术的应用与服务作为主题，将其从理论层面加以研究。通过时空信息一体化服务，展示出一系列鲜明的理论特点和独特性能（曹冲，2012）。

1.1.2　主要理论和实践依据

新时空服务在信息时代出现的理论与实践依据主要有以下几个方面：

（1）时空是大千世界的本质，是信息服务的核心主线与基础，而时空又是地球人与生俱来不可或缺的两大参考系统。时空体现泛在特征，体现无时不在、无处不在、无所不在的特点，而信息时代应运而生的网络将地球上的人和物，都简单地变为网络的一个节点，成为体现时空强大威力的历史性、世界性和大众化服务的真正舞台。

（2）时空一体及其不可分割性能，对于天地万物而言，就表现为具有唯一性特征，而唯一性又是可溯源、可监控、可判决的基础，也是智能服务的理论支撑基础和实践指导工具。因而，时空服务体系将成为云计算、大数据、物联网、智能城市众多新概念的最终归宿。

（3）现代社会中时间已经成为能够实现计量的最为精确的参量，所以能够实现全球化的绿色环保、泛在智能、实时移动、精准确保的革命性工具，时空一体和互换体现出更加强大的效能、效益和效率，构建或者重构人类历史"四维"发展的宏伟画卷，才能梳理纷繁复杂的历史与现实，以及海陆空天世界，才能科学地预测和走向未来。

（4）时空结合出现的速度参量是社会沟通连接和交流发展进步的标志性参量。信息的核心能力在于交换沟通，在于相互交流，从人类发展历史来看，人们的信息传递速度，实际上与交通运输和信息传输手段密切相关。人类从开始的人担肩扛，到马车轻骑，再到舟桥船只，直到近代汽车火车、轮船飞机、电报电话、有线与无线网络，传递传输速度越来越快，地球变得越来越小，人们的思维观念在速度的不断加快中彻底改变或颠覆，这是时空创新主导力量所为。

（5）新时空服务的信息智能化演进使大众化应用成为可能。"新"就新在时空科技从高不可攀的科学殿堂走向人民大众，实现了从工业文明时代向信息文明时代、从英雄时代向草根时代的颠覆性转变，成为亿万人的创新，这是信息时代的新时空革命性本质所在，是历史发展规律使然。

1.1.3 应信息时代和信息社会发展需求而生

信息社会发展到现在，从 20 世纪中期正式开始，已经经历了数字化、网络化阶段，现在正步入智能化发展阶段。至今，人们对于"信息"的了解和理解，还似乎知其然而不知其所以然，有时甚至是南辕北辙。实际上，由于信息时代新名词参差不齐、层出不穷，令人目不暇接、莫衷一是。现在通过新时空信息服务体系，由时空两大"尊神"来全面了解信息理论与应用的来龙去脉，认识信息服务的"天罗地网"般的泛在特征与独特优势，真正理解服务体系的主客观需要和美好的发展前景，能够自觉地享受信息社会和网络世界带来的取之不尽、用之不竭的资源，并愿意为其做出令自己乐此不疲、心驰神往的贡献。就时空科学理论、信息技术实践和服务生态体系的构建等三个方面进行深入的研究，是我们当前的战略思维和顶层设计关键所在，也是顺应时代潮流和社会发展大趋势的方向和任务所在。

1.1.4 需要体系化突破和推进

"新时空"这一科学命题的提出，缘于多种多样的因缘际会。中国北斗卫星导航系统（以下简称"北斗系统"）的建立及其区域系统投入运营，进而建设全球系统，这一系列重大行动，无疑是最为直接的原因。当务之急和今后相当长时间段内需要实现以下四大使命：第一，要以北斗系统为核，全面促进 GNSS（全球导航卫星系统）兼容与互操作，实现卫星导航规模化大众化应用服务产业的快速持续发展；第二，泛在位置服务的庞大需求，显然是信息服务和消费的内在动力，需要技术创新，室内外导航定位系统集成融合，业已成为产业发展的必然选择；第三，国家经济增长方式转变和产业结构转型的客观需要，推进智能信息产业这样的战略性新兴产业，需要体系创新，需要在理论、技术、产业和体系上同步发展，实现体系化突破和推进，使得国家新时空服务体系应运而生；第四，中国大国和平崛起，具有中国特色的新时空服务及其体系，将成为中国国际化、全球化发展理论创新的出发点和"中国梦"的"两个一百年"实现的落脚点与理论基础。

1.1.5 新形势需要融合创新服务，引领跨越发展

近些年来，国际金融危机及其影响和后遗症，与中国国民经济快速发展带来大好局面背后潜伏的国内外矛盾和问题，以及国家长治久安、持续发展的对策与举措研究和探求，都需要通过"创新驱动发展，融合引领跨越"加以部署推进实现。"新时空"就是一条通往希望之星的康庄大道，是一件能够攻坚克难的、战无不胜的新式武器。从中国发展新兴产业的角度来看，实际上节能环保、新兴信息产业、生物产业、新能源、新能源汽车、高端装备制造业和新材料七大产业可以分为三类：智能信息、生物医药、能源环保。而其中智能信息是贯穿所有产业的，时空又是贯通任何人、事、物的所有时间和空间，不管上下左右前后与里里外外，不管过去现在将来，古今中外，无所不包，概莫能外。由此可见，"新时空"是抓住了产业发展的主要矛盾和矛盾的主要方面，抓住了要害，能够通过它有益于整个新兴产业，发挥其普遍性原理，充分发挥新兴智能信息产业的领头羊作用。当前的发展目标、方向和任务是从北斗导航与位置服务产业出发，融合有无线通信等其他技术，形成以网络为平台的云服务系统，结合智能应用终端，和满足多种多样的专业与大众服务需求的软件，以及各种各样的数据库、知识库、创意库等构成的新时空信息服务体系。总而言之，新时空服务体系可以囊括当前和未来的一系列与信息产业密切相关的新概念，如物联网、云计算、大数据、移动互联网和智能城市等，而且成为组装这些新概念的总体框架、核心主线、有机组织的桥梁、纽带与血脉相连的黏合剂。

1.2 信息时代的由来和发展的历史进程

1.2.1 信息的定义

信息，从一般意义或者从狭义而言，信息是指音信、消息；通信系统传输和处理的对象，泛指人类社会传播的一切内容。人通过获得、识别自然界和社会的不同信息来区别不同事物，得以认识和改造世界。在一切通信和控制系统中，信息是一种普遍联系的形式。1948年，美国数学家香农在题为《通信的数学理论》的论文中指出："信息是用来消除随机不定性的东西"。美国数学家、控制论的奠基人诺伯特·维纳在他的《控制论：或关于在动物

和机器中控制和通信的科学》中认为，信息是"我们在适应外部世界，控制外部世界的过程中同外部世界交换的内容的名称"。英国学者阿希贝认为，信息的本性在于事物本身具有变异度。

信息，从更深的层次，或者从广义而言，信息是客观事物存在、联系、作用和发展与运动变化的反映，信息是时间空间的包容体，因此也是世界的本质，是宇宙万物的组成要素之一。从这种意义上说，信息、物质与能量，一起成为构建宇宙的三大组成要素。也可以说，宇宙由时空、物质和能量构成，实际上是表现为（虚拟的）信息、（现实的）物质及它们的运动和变化。换句更加直观形象的话说，可以认为世界万物是由软件、硬件和能源构成，对应的就是信息、物质和能量。当今时代，人们对于信息和软件的作用，理解同样还远不深入广泛，仍然需要大幅度的开拓进步和发现探索。

从哲学的角度说，信息是事物及其运动的存在或表达形式，是一切物质的普遍属性，实际上包括了一切物质及其运动的表征。传播学研究的信息是在任何一种情况下能够减少或消除不确定性的任何事物，它是人的精神创造物。由此可见，可以从两个层次上去理解信息的概念。

从本体论层次上理解的信息就是，在最一般的意义上，亦即没有任何约束条件，我们可以将信息定义为事物存在的方式和运动状态的表现形式。这里的"事物"泛指存在于人类社会、思维活动和自然界中一切可能的对象。"存在方式"指事物的内部结构和外部联系。"运动状态"则是指事物在时间和空间上变化所展示的特征、态势和规律。

从认识论层次上理解的信息就是，主体所感知或表述的事物存在的方式和运动状态。主体所感知的是外部世界向主体输入的信息，主体所表述的则是主体向外部世界输出的信息。

信息的特性多种多样，列举一些如下：普遍性、依附性、有序性、相对性、可度量性、可扩充性、可存储、传输与携带性、可压缩性、可替代性、可扩散性、共享性、时效性、传递性、价值相对性、真伪性、可处理性、客观性、不完全性、可显示性、可加工性等。

1.2.2 信息在不同历史时代的发展进程

人类社会的信息发展历史，大体上可以分为四个阶段，这就是：原始文明时期、农牧文明时期、工业文明时期、信息文明时期（詹姆斯·格雷克，2013）。

1. 原始文明时期——语言的形成和应用

为了生存和发展，早期人类社会的主要特点是群居和沟通，那么文明的标志，就是发明创造语言和工具，以及简单的符号和象形文字。这个时期相当地漫长，大约 500 万年前，人类的祖先一批批从树上来到地面"发展"，由于尖牙利爪逐步退化，又只有两条腿，他们采食抢不过树上攀爬的动物，捕猎或逃命，又跑不过四条腿的野兽。为了在残酷的自然界生存下去，这些伟大的祖先们除了要尽量多动脑外，还必须紧紧依靠群体间的紧密协作才能一起艰难地支撑下去。但是，在劳动和生活过程中，他们只能靠简单的发音以及揣摩对方表情或比画，来进行极简单的交流和协作。因此，在非常漫长的时间里，除了外形长得更像人类，他们和其他动物的差别并不大。几百万年过去了，为了摆脱这种极低效的动物传播方式对自身的束缚，正在向人类进化的祖先们一直在艰难地努力着。在几十到十万年前，某些祖先开始"说话"。直到 10 万～3.5 万年前，今天人类的直接祖先终于进化到能够掌握语言这一重要的工具。语言的使用让人类能把自己的所见、所闻、所思表达得更清楚、更细致，还能使群体内每个人的经验和知识更容易被共享和再增长，也使前人的知识积累至少有一部分能为后人所继承。有了语言用于交流和协作，我们的祖先逐渐懂得了钻木取火、制造工具、保藏食物、草药治病、饲养动物、耕种粮食、敬奉神祇、召开氏族会议等当时较复杂的本领，聚居的规模也得以变得更大。人类开始一步步变得强大起来，发展速度开始逐步加快。正是语言和人类发明的工具，最终让人类彻底与其他动物区别开来，并且一直延续到农牧文明时期。

在中华这块土地上，"自伏羲始画八卦，造书契，教民佃、渔、畜牧。"中华民族的先民就是在这个原始的伏羲八卦图的指引下，度过了茹毛饮血、逐鹿中原的蛮古洪荒岁月，渐次进入到渔猎、农耕的初创文明时期，开创了以黄帝、尧舜为首领的"垂衣裳而天下治"的农业文明社会。古代相关的信息沟通、交流和传递方法，至今还在沿用，不外乎是语言（包括肢体语言）、文字和图像。

2. 农牧文明时期——文字、纸和印刷术的发明与使用

大约在公元前 3500 年之前，人类发明了文字，文字的应用一方面使得信息可以被固定下来，也更规范和准确，在传播过程中不再易被扭曲、变形、重组和丢失；另一方面使得信息传播在时间的久远、空间的广阔及覆盖

的人数上，在积累和传承的数量、质量上实现了对语言传播的历史性超越。人类不必再费尽脑力去铭记每件事，而可以将更多的精力用于探究未知领域及为未来制订计划。更先进的信息传播再次提升了人类的交流和协作的水平，再次解放了人类的思想，引领着人类由"野蛮时代"迈进了"文明时代"。

对于文字的产生，古埃及人、古巴比伦人、古希腊人均把它归功于神。只有古中国人将文字的发明功劳归之于人类自己——仓颉，并且把自己能创造文字看得极为重要而且伟大，直可以"惊天地、泣鬼神"，以至于使得"天雨粟，鬼夜哭，龙乃潜藏"。这说明，当时的古中国人已经意识到，掌握文字这一先进工具可使自身力量获得极大的增长。

所谓认识决定行为，正是因为对当时这一先进工具的认识正确而且深刻，古代中国人对推动文字应用的发展高度重视，不断创新，使古代中国在信息传播的文明程度上达到了让西方人望尘莫及的程度。书写媒介从泥土、石头进步到兽骨、龟甲、木片、绢帛、竹简；书写工具则从划字的树枝、棍尖进步到刻字的石刀、铁刀再到写字用的毛笔、砚台、纸张、黑墨；书写篇幅从字、词、句到文章乃至文集；书写用语从高度简略、晦涩难懂到既详细缜密又明白如话。中华民族不仅是世界上最先兴办教育并最善于推广教育的民族，也是世界上最早实行"书同文"的民族。这些很积极的应用，使中华祖先几乎在各个方面在五千多年的时间里，一直领先于西方人。同时，中华先民的聚居形态从部落演进到部落联盟，进而演进到封建制国家，再进一步演进为大一统的大帝国，并在以后两千多年里总是分而又合，趋向统一。文字作为特殊的凝聚剂，功不可没。同时，因为有了文字，可以著书立说、立规立法。孔子认为，文字的创制是古人得到"夬"卦的启发，正所谓"上古结绳而治，后世圣人易之以书契，百官以治，万民以察，盖取诸夬"。孔子认为"夬"卦是要求判断是非的卦，与阴险的小人决裂的卦。如何能公平合理地决断是非、做出决裂的判断，至关重要，必须要有充分的依据，于是后世圣人萌生了创造文字的想法。有了文书契据可以详细记录发生过的事实，官吏用来作为处理政务的依据，百姓也用来作为查考的依据，社会文明就更加进步了。

由周文王父子演绎的《周易》经历了500多年历史与实践的检验，依然不失其真理性、科学性、实践性。到了春秋末年，当这部周朝的《易经》传到了孔子的手中之后，《易经》最终完善的历史时刻来到了，孔子为诠释《易经》的义理做出了历史性的贡献。

在公元元年前后，中国人发明了纸。大约在唐朝初年（627—649年），中国人进一步发明了雕版印刷术。在1041年至1048年间，北宋时期的毕昇发明了活字印刷术。这次信息传播革命使知识殿堂不再被少数人神神秘秘地垄断着。人类长期积累下来的知识终于可以逐步跨越到更广阔的空间，覆盖更多的普通民众，进行更快的、规模越来越大的传播。数以百万计乃至数以千万计的民众认知的提高又导致了宗教、科学、哲学、文学、教育等各个领域有更多的新知识涌现出来。如此良性循环，推动着人类在方方面面都开始较快的大踏步前进。

中华民族作为又一次信息传播革命的发源地，又继续在公元后一千多年的时间里，在几乎所有领域都遥遥领先于西方人，不要说雄汉盛唐及繁华的宋朝，即使是元朝时期的中国，其强盛、繁华及先进程度也让西方人羡慕不已。

3. 工业文明时期——电信传播的发明和应用

近数百年来，作为工业革命发源地的西方发达国家，在近代的信息传播革命中后来居上，获益最大，自然对推进信息传播革命升级极为重视。很快，在19世纪30年代，电报首先被发明出来，紧接着电话、留声机、电影、广播、电视相继出现，印刷术也在不断升级。人类的信息手段大大丰富起来，信息传播的速度前所未有，各种媒介上流动的信息量更是多得惊人。信息传播的范围则更彻底地突破了空间限制，可以跨国甚至在全球传播。最广大的普通人即使处得再偏远，再居于底层，他们获得的信息量也比他们的先辈多许多。这些进步使得人类能获得和新创造的知识都达到了惊人的规模。人类进行思维交流和情感交流的能力大幅度提升，促使着人类的劳动协作和社会协作的规模和水平更加发生了质的飞跃。人类的创造力空前强大起来，在各个领域的变革和进步令人眼花缭乱。在这次信息传播革命中，媒体作为一支新兴力量成为全球第四权，知识界也成长为一支全球性的力量。这两大权力和神权、金权、政权一起，共同主导着问题丛生的世界的发展格局。

4. 信息文明时期——电脑和互联网的诞生和应用

这是人类真正进入信息时代和信息社会的重大过程，我们在下面一节中专门加以较为详细的陈述。

1.2.3　信息社会的信息发展过程与阶段

纵观整个人类历史，人类人口的数量一直在不断增长，从数百万到几千万，再到几亿，再到几十亿，其生存条件却反而不断改善。可见人类的每个个体通过合作所获得的巨大收益，要远远超过通过野蛮的生存竞争所争得的可怜的收获。

人类在越来越先进的信息沟通传播革命的引领和推动下，发展速度越来越快，从上一次以电报电话为发端的信息传播革命发生，只间隔了很短的时间，随着 1946 年电脑诞生，又一次信息传播革命开始了。这是真正的信息文明时代的到来。从目前的发展阶段而论，至今可以将信息文明时代分为三个发展阶段，即数字化、网络化和智能化发展阶段，当前正处在从网络化向智能化过渡的发展过程。最终从智能化走向智慧化，才能算是人类真正进入信息文明的社会。

1. 数字化发展阶段

数字化发展阶段的标志主要包括电子计算机的诞生、数字化理论的形成、大规模集成电路的发展，以及数字化技术的成果大踏步地走向大众，走向千家万户，一场以比特技术和半导体技术为代表的"硅"技术革命，正在全方位改变并将继续改变人类社会的生存、生产和生活方式。

（1）电子计算机的诞生和发展

1946 年 2 月，第一台电子计算机恩纽克在美国加州问世，该计算机用了 18000 个电子管和 86000 个其他电子元件，有两个教室那么大，运算速度却只有每秒 300 次各种运算或 5000 次加法，耗资 100 万美元以上。尽管它有许多不足之处，但它毕竟是计算机的始祖，揭开了计算机时代的序幕。计算机的发展到目前为止共经历了四个时代：从 1946 年到 1959 年这段时期我们称之为"电子管计算机时代"；从 1960 年到 1964 年，由于在计算机中采用了比电子管更先进的晶体管，所以我们将这段时期称为"晶体管计算机时代"；从 1965 年到 1970 年，集成电路被应用到计算机中来，因此这段时期被称为"中小规模集成电路计算机时代"；从 1971 年到现在，被称之为"大规模集成电路计算机时代"。1975 年，美国 IBM 公司推出了个人计算机 PC（personal computer），从此，人们对计算机不再陌生，计算机开始深入到人类生活的各个方面。

（2）信息论的形成与发展

克劳德·香农于 1940 年在普林斯顿高级研究所期间开始思考信息论与有效通信系统的问题。经过 8 年的努力，香农在 1948 年 6 月和 10 月在《贝尔系统技术杂志》上连载发表了具有深远影响的论文《通信的数学原理》。1949 年，香农又在该杂志上发表了另一著名论文《噪声下的通信》。在这两篇论文中，香农阐明了通信的基本问题，给出了通信系统的模型，提出了信息量的数学表达式，并解决了信道容量、信源统计特性、信源编码、信道编码等一系列基本技术问题。两篇论文成为了信息论的奠基性著作。

（3）集成电路的出现和规模化发展

摩尔定律是由英特尔公司（Intel）创始人之一戈登·摩尔提出来的。1965 年时任仙童半导体公司研究开发实验室主任的摩尔应邀为《电子学》杂志 35 周年专刊写了一篇观察评论报告，题目是《让集成电路填满更多的元件》。在摩尔开始绘制数据时，发现了一个惊人的趋势：每个新芯片大体上包含其前任两倍的容量，每个芯片的产生都是在前一个芯片产生后的 18～24 个月内。这就是说，当价格不变时，集成电路上可容纳的晶体管数目，约每隔 18 个月便会增加一倍，性能也将提升一倍。这一定律揭示了信息技术进步的速度。其后的数十年间，整个产业基本上是按照这一规律发展进步，让集成电路成为普罗大众可以应用的产品，使得计算机、网络技术、通信技术全面受益匪浅。

随着电子技术的继续发展，大规模集成电路应运而生。1967 年出现了大规模集成电路，集成度迅速提高；1977 年超大规模集成电路面世，一个硅晶片中已经可以集成 15 万个以上的晶体管；1988 年，16M DRAM 问世，$1cm^2$ 大小的硅片上集成有 3500 万个晶体管，标志着进入超大规模集成电路（VLSI）阶段；1997 年，300MHz 奔腾 Ⅱ 问世，采用 $0.25\mu m$ 工艺，奔腾系列芯片的推出让计算机的发展如虎添翼，发展速度让人惊叹，至此，超大规模集成电路的发展又到了一个新的高度。2009 年，Intel 酷睿 i 系列全新推出，创纪录采用了领先的 32nm 工艺，2011 年已经研发 22nm 工艺，2013 年开始冲击下一代 14nm 工艺。集成电路的集成度从小规模到大规模，再到超大规模的迅速发展，关键就在于集成电路的布图设计水平的迅速提高，集成电路的布图设计由此而日益复杂而精密。这些技术的发展，使得集成电路的发展进入了一个新的发展的里程碑。

2．网络化发展阶段

网络化发展阶段的标志，主要有蜂窝移动通信网、互联网、移动互联网、卫星定位网络为代表的网络应用和服务的普及与展开。这个发展阶段正在如火如荼地快速前进中，而且发展势头势不可挡，网络已经成为这个时代的最为令人瞩目和须臾离不开的形影相随的物品。

（1）蜂窝移动电话是开辟网络时代的急先锋

第一代蜂窝移动电话网络是指模拟信号的移动电话，也就是民间俗称的"大哥大"。最先研制出"大哥大"的是美国摩托罗拉公司的马丁·库珀博士，时间是1984年，这种名为DynaTAC 8000X的手机，重达2磅①，通话持续时间为半小时，售价3,995美元，是名副其实的最贵重的"砖头"。由于当时的电池容量限制和模拟调制技术需要硕大的天线和集成电路的发展状况等制约，这种手机外表四四方方，只能称为可移动，而算不上便携。此种手机类似于简单的无线电双工电台，通话时锁定在一定频率，所以使用可调频电台就可以窃听通话。这个时候，语音传播是模拟的，只能传输语音流量。由于模拟通信存在种种弊端，数字移动通信技术应运而生，并且发展起来，这就是以GSM（全球移动通信系统）和IS-95为代表的第二代移动通信系统，时间是从20世纪80年代中期开始。欧洲首先推出了泛欧数字移动通信网（GSM）的体系。随后，美国和日本也制定了各自的数字移动通信体制。在第二代中为了适应数据通信的需求，一些中间标准也在手机上得到支持，例如，支持彩信业务的GPRS、Edge和上网业务的WAP服务。第三代移动通信系统最早由国际电信联盟（ITU）于1985年提出，当时称为未来公众陆地移动通信系统（FPLMTS），1996年更名为IMT-2000，意即该系统工作在2000MHz频段，最高业务速率可达2000kbps，在2005年后逐步得到商用。主要体制有WCDMA、CDMA2000和TD-SCDMA。1999年11月5日，国际电联ITU-R TG8/1第18次会议通过了"IMT-2000无线接口技术规范"建议，其中中国提出的TD-SCDMA技术写在了第三代无线接口规范建议的IMT-2000 CDMA TDD部分中。第三代手机的开始目标之一是开发一种可以全球通用的无线通信系统，但是实际最终的结果是出现了多种

① 1磅＝0.45359kg。

不同的制式，主要有 CDMA2000、WCDMA 和 TD-SCDMA 在竞争。这些新的制式都基于 CDMA（码分多址）技术，在带宽利用和数据通信方面都有进一步发展。而在高速数据传输和蜂窝移动通信技术方面，于 2007 年 10 月新增 WiMAX 标准为第四种技术体制。第四代手机采用所谓的"长期演进技术（LTE）"，又分为 TDD-LTE、FDD-LTE 及 WiMAX、TDD-LTE、FDD-LTE 制式在结构上已经进行了统一，是集 3G 与 WLAN 于一体并能够传输高质量视频图像以及图像传输质量与高清晰度电视不相上下的技术产品。同时对于网络结构，也采用扁平化的网络结构来进行组网。2013 年 5 月 12 日，三星电子公司表示，他们已经开发出了世界上第一个"5G"系统，其核心技术有几十 Gb（Gbps）的最高速度。在测试中，传输速度为 1.056 Gbit/s 的"5G"网络发送的数据距离可达 2km。

（2）互联网的形成和发展历程

1961 年，美国麻省理工学院的伦纳德·克兰罗克（Leonard Kleinrock）博士发表了分组交换技术的论文，该技术后来成了互联网的标准通信方式。1969 年，美国国防部开始起动具有抗核打击性的计算机网络开发计划"ARPAnet"。由此，ARPAnet 成为现代计算机网络诞生的标志。1971 年，位于美国剑桥的 BBN 科技公司的工程师雷·汤姆林森（Ray Tomlinson）开发出了电子邮件。此后 ARPAnet 的技术开始向大学等研究机构普及。1983 年，ARPAnet 宣布将把过去的通信协议"NCP（网络控制协议）"向新协议"TCP/IP（传输控制协议/互联网协议）"过渡。1988 年，美国伊利诺伊大学的学生（当时）史蒂夫·多那（Steve Dorner）开始开发电子邮件软件"Eudora"。局域网和广域网的产生和逢勃发展对互联网（Internet）的进一步发展起了重要的作用。其中最引人注目的是美国国家科学基金会建立的 NSFnet。NSF 在全美国建立了按地区划分的计算机广域网并将这些地区网络和超级计算机中心互联起来。NSFnet 于 1990 年 6 月彻底取代了 ARPAnet 而成为 Internet 的主干网。1991 年，CERN（欧洲粒子物理研究所）的科学家提姆·伯纳斯李（Tim Berners-Lee）开发出了万维网（World Wide Web）。他还开发出了极其简单的浏览器（浏览软件）。Internet 的第二次飞跃归功于 Internet 的商业化，商业机构一踏入 Internet 这一陌生世界，很快发现了它在通信、资料检索、客户服务等方面的巨大潜力。于是世界各地的无数企业纷纷涌入 Internet，带来了 Internet 发展史上的一个新的飞跃，此后互联网开始向社会大众普及。

谈到互联网，不得不要提到互联网传奇人物马克·安德森，他的思想总是非常超前和正确。他的五大思想"人人都将享有互联网""浏览器将是操作系统""网络业务将存在于云端""一切都将会社交化"和"软件将吞掉整个世界"彻底改变了整个互联网。1992年，马克·安德森作为美国伊利诺伊大学一位电脑科学专业的学生，突发奇想，认为人们不必非要成为电脑科学家才能够使用互联网，一旦他们知道互联网的用途，每个人都会希望使用它。在当时，这是一个非常激进、非常超前的想法。在1993年，他与艾利克·比那一起发布了首个互联网图形浏览器Mosaic，并且成立了公司，Mosaic公司后来更名为网景（Netscape）。

互联网（Internet），即广域网、局域网与单独计算机按照一定的通信协议组成的国际计算机网络。它将两台或两台以上的计算机终端、客户端、服务端通过计算机信息技术的手段联系起来，人们可以与远在千里之外的朋友相互发送邮件、共同完成一项工作、共同娱乐。移动互联网，是将移动通信和互联网二者结合起来。在最近几年里，移动通信和互联网成为发展最快、市场潜力最大、前景最诱人的两大业务，可以预见移动互联网将会创造怎样的经济神话。

互联网的发展分为五个阶段：第一阶段是大型机，是在20世纪60年代；第二阶段是小型机；第三阶段是PC机；第四阶段是桌面的互联网；第五阶段是移动互联网。每一个阶段都有每一阶段的明星企业，如今苹果公司已经超过微软公司和谷歌公司而成为市值最大的IT公司，它无疑是移动互联网时代的明星。

3. 智能化发展阶段

智能化发展阶段的标志主要为智能终端、位置服务、物联网、移动互联网、大数据与云计算等新兴的科学技术成果。智能化是在数字化和网络化基础上发展起来的，最终形成信息化时代和社会最为典型的产业链，这就是全源感知网、普适传输网、泛在服务网，这样的三网合一就能够达到"一网打尽"的理想境界。"一网打尽"还包括时空间、天地基、室内外、通导算（通信、导航、计算）等多个"一体"融合渗透的概念，将在以下章节中作为智能化发展阶段的内容加以详细论述。

1.2.4　信息时代的智能化发展阶段

1. 智能手机终端的演变和发展历史

智能手机的发展史大致可分为 20 世纪 90 年代智能手机刚刚问世的"黎明期"、2000～2006 年商务智能手机繁荣发展的"商用机扩大期"以及 2007 年以后逐步走进普通消费者视野的"大众普及期"。另外，日本从 1997 年开始提供信息模式（i-model）服务，使得手机的功能大幅提高，符合智能手机定义的产品成为主流。

（1）智能手机黎明期（20 世纪 90 年代）

全球首款智能手机是美国 IBM 公司 1994 年投放市场的"IBM Simon"。这款手机装配备了使用手写笔的触摸屏，除了通话功能之外，还具备 PDA 及游戏功能。操作系统采用的是夏普 PDA 的"Zaurus OS"。1996 年，诺基亚公司推出了名为"Nokia 9000 Communicator"的折叠式智能手机。该产品在折叠状态下就是一款手机，打开后则会出现 QWERTY 键盘、十字键及长方形黑白显示屏等。OS 采用美国 Breadbox 计算机公司开发的系统。Nokia 9000 Communicator 受到了商务人士的青睐，后来逐步演变为 1998 年上市的"诺基亚 9110"，由诺基亚 9110 按照美国的手机频率改进而来并于 2000 年上市的"诺基亚 9110i"，后来又推出了采用 Symbian OS 的机型。1997 年，瑞典爱立信公司推出了与 Nokia 9000 Communicator 相似的"GS88"手机。该手机的说明书中首次出现了"智能手机"一词。

（2）商用机扩大期（2000～2006 年）

进入 2000 年以后，市场上出现了很多采用面向 PDA 及嵌入设备的通用 OS 的智能手机。这些手机使用 Symbian、Palm OS 及 Windows CE 等操作系统。首次采用 Symbian OS 的智能手机是爱立信的"Ericsson R380 Smartphone"。该机的数字键部分采用可以像门一样开关的机构，打开后会出现长方形触摸屏，可作为 PDA 使用。合上后可作为手机使用。继爱立信之后，诺基亚也于 2000 年投放了采用 Symbian OS 的智能手机，后来诺基亚的智能手机便一直使用 Symbian 操作系统。配备 Palm OS 的首款手机是京瓷的"Kyocera 6035"。该手机的形态与爱立信 R380 基本相同，打开数字键部分时，可作为 Palm PDA 使用。该手机于 2001 年 2 月上市。至于 Windows CE 智能手机系统，最早是美国微软公司 2002 年发布的"微软视窗增强智能手机-2002"。配备该系统的首款手机是微软自己推出的"Orange SPV"。该操作系统系列后来被更名为"Windows Mobile"，韩国三星电子及夏普等公司向市场投放了多款采用这种 OS 的智能手机。加拿大 RIM（Research In Motion）公司的现行"黑莓"（BlackBerry）手机的首款原始机型问世于 2003 年。该机配备 QWERTY 键，融合了电子邮件、SMS 及 Web 浏览等功能。以上这些手机均以企业用户为目标，以嵌入商务软件的形式提供。因此，基本未向普通消费者推广。

（3）大众普及期（2007 年至今）

让普通消费者购买并使用智能手机。掀起这股潮流的是美国苹果公司于 2007 年 6 月投放市场的 iPhone。这款手机配备有几乎所有操作都以触摸屏完成的用户界面（UI）、基本与个人电脑同等的 Web 浏览器和电子邮件功能，以及与 iTunes 联动的音乐播放软件等，从而将智能手机提高到了任何人都能使用的水平。随后，美国谷歌公司于 2007 年 11 月发布了智能手机软件平台 Android。2008 年，美国 T-Mobile USA 公司推出了首款配备 Android 的智能手机"T-Mobile G1"（由中国台湾宏达国际电子生产）。此后，美国摩托罗拉移动公司、三星电子以及日本与瑞典的合资公司索尼爱立信移动通信等公司都相继推出了 Android 智能手机。之前一直开发企业用智能手机 OS 的微软公司在看到 iPhone 与 Android 成功之后也转变了方针，于 2009 年 2 月宣布开发出面向普通消费者的"Windows Mobile 6.5"及"Windows Phone 7"。采用"Windows Mobile 6.5"的手机于 2009 年 10 月投放市场，"Windows Phone 7"手机则于 2010 年 10 月问世。

2．GNSS 是信息时代智能发展的天网

从 1957 年苏联发射第一颗人造地球卫星开始，人类进入了所谓的航天时代。而恰恰有两个美国的年轻人从接收卫星信号的多普勒效应联想到利用卫星来实现定位，于是根据这个原理，美国在 1964 年建成了子午仪卫星导航系统，进而在 20 世纪 70 年代提出建立 GPS（全球定位系统）的计划，于 1995 年 GPS 正式投入完全服务，GPS 利用测量时间延迟来换算距离的办法，通过三角定位原理，最终确定用户位置。1996 年，苏联的 GLONASS 系统也宣布投入运营，但是由于苏联解体后经济不济，系统一直处在半停顿状态。值得指出的是，GPS一问世，就赢来举世瞩目，并且很快地得到广泛认可和应用，成为军民两用系统，而且引起各个大国的重视，纷纷将GNSS列入议事日程，2000年前后欧洲提出建设Galileo系统的计划，中国开始建设北斗系统。至2011年年底俄罗斯GLONASS系统已经恢复到完全工作状态，重新向全球提供服务。2012年年底，中国北斗系统宣布正式投入区域服务。GNSS多系统服务真正打开局面。

这里至少有四大启示：一是卫星导航系统的出现，是航天时代的杰出代表性成果，包括阿波罗登月飞行、航天飞机和卫星导航在内的20世纪航天领域三大工程，至今硕果尚存，实现大规模应用的仅有卫星导航，而且真正惠及国计民生，实现大众化服务；二是中国北斗系统的投入运营服务，标志着中国大国和平崛起、服务全球全人类的实际行动，这是中国高科技进入世界的标杆性示范，也是个长期发挥作用的重大工程；三是卫星导航系统可能开拓了航天技术大众化应用服务的先河，卫星组网的概念有可能在未来成为一种航天技术应用的通用方式，为真正构建"天罗地网"，实现人类的"一网打尽"的理想，铺平了道路；四是卫星导航系统的设计思想饱含着绿色低碳的思维，给人以深深的启迪，卫星导航系统采用多频系统，尤其是双频体制，其主要目的是为了消除电离层的影响，而在实际应用中，人们实现了变废为宝的务实行动，利用本来应该剔除的电离层信息，反过来开展电离层、空间气候及其他地球物理领域的科学研究，同时开展对流层误差和卫星导航气象学的研究。此外，还可以利用卫星导航系统的反射信号进行无源探测和地面与海洋的遥感等。

（1）位置服务（LBS）

位置服务的功能是在1996年开始明确提出来的，美国联邦通信委员会通过E911法令，要求所有的移动电话终端均应该具有定位功能，形成基于位置的服务能力。1999年又续发第二道法令，确定从2001年开始，市场销售的移动电话逐年按照20%速度增加定位功能，从2006年1月1日起移动电话全部具有位置服务功能，同时明确定位方法除了利用通信网络定位技术外，还可应用GPS定位技术。至今，所有的智能手机几乎毫无例外地均装有卫星导航模块，逐渐成为手机的标准配置，位置服务的应用也日益深入广泛。位置服务实际上是在促进多重系统技术的自然融合。

（2）智能化时代的形形色色信息产业层出不穷

近些年来，围绕物联网、云计算和大数据、智慧城市等概念，信息产业在大踏步地向前推进，但是要做得深入人心，形成规模，尚待时日。智能化发展阶段的历史还需要去创造、去发现。现在人类已经非常清楚，智力恰恰是生命进化中最重要、最核心、最活跃的要素。拥有生物界最高智力的人类出现的时刻，就是生命进化的最高成就开始呈现的时刻。以智能进化为首要明显特征的人类文明的进化，正是宇宙演化及生命进化历程中最为壮美的诗篇。特别是在人类掌握语言以后，依靠智能的进化，人类发展进步的速度越来越快，对比整个生命体系其他生命极其缓慢的进化，何其神速。

原始土地上光合作用产生的绿色植物及其供养动物，只能供给1000万人的食物。但依靠智能的进步，人类现在通过现代农业获得的农产品可供养的人口已快达到70亿。至于人类其他数不胜数的高度发达的现代文明成就，则更为巨大。

从文艺复兴所引发的人类第一次科学革命开始，西方科学数百年来一直在引领并推动人类不断大步前行，功勋卓著。现在该是东方智慧发挥作用的时候了。东方（主要是中国）古代人创造的东方智慧不但让西方人叹为观止，也在不断让他们深深地入迷。东方智慧主要来源于中国古代人对大千世界特殊的观察方式及独特的思维方式。东方科学是东方智慧的一部分。它在思维方式上倾向于整体性、系统性、有机性、连续性，强调研究事物的整体性和系统性。东方科学的主要创造者中华祖先就把整个宇宙的演化视为一系列连续的生成、转化过程，把天地、万物、动静、形神视为相互区别又相互联系的矛盾统一体。

1.2.5　信息时代的宇宙观

1. 宇宙组成的三要素——信息、物质和能量

按照"大道至简"的原理，构成宇宙的三种基本要素可以定义为：包括时间、空间在内的信息，以及物质和能量。而其中最活跃、最核心、最关键的要素就是信息。但成千上万年来，信息这个最为独特的要素却往往被绝大多数人所忽略。只是近几十年来，进入信息时代后，信息才逐渐被越来越多的人所认识或了解。

2. 宇宙是真正的大千世界

"大千世界"原来是佛学用语，实际上是一种典型的朴素的宇宙观，它大中有小，小中见大，时空相济，偶意颇深。大千世界，具云：三千大千世界。凡属有情动物的居处，山河大地，以时间的流迁，空间的方位为定义。在大海中，以须弥山为中心，四方四大部洲，即东胜神洲、西牛贺洲、南赡部洲、北俱庐洲等，由一日月所照的范围为一世界。千个的四部洲（世界）为小千世界，千个小千世界为中千世界，千个中千世界为大千世界。人们常将"大千世界"小、中、大合起来称作"三千大千世界"。宇宙由无数个大千世界组成，所有的大千世界处处都有物的出生、成长、壮大、衰落、消逝的过程，其中的迁流变幻、循环不息，没有片刻的静止。每个大千世界过去、现在、未来时时有物的运动变化。其实，从现代的角度观宇宙、看时空、探信息、索本源，一定要把几个哲学概念带上，除开绝对和相对外，还有宏观和微观、物质和精神、质变和量变等。尤其是后者的一些概念，在信息时代尤为重要。特别是量变到质变的规律性，在信息时代的网络天下和数据世界中，起到举足轻重的作用。

3. 信息为什么能够成为宇宙的三大要素之一

这是人类在逐渐进步中认识到的，也只有到达信息时代这样的发展阶段，才能够真正地有所认识。时间和空间历来被视为是宇宙的本质，是无所不在的固有存在，而且与物质密不可分。但是在信息时代来临之际，直观地认识到，时间和空间是信息的核心主线与基础，而原来对于时空的许多理解和不解，在信息范畴内均可以做出很好的诠释。实际上，时空一体在信息领域中能够得到更加到位的体现，所以可以将时空纳入信息范畴是顺理成章的事情。同时，这样的归纳，使得宇宙的三大要素，特征与内涵更加鲜明得体，整体性和系统性得到充分表达彰显。老子在《道德经》第四十二章中讲到："道生一，一生二，二生三，三生万物。"这里的"宇宙三要素"可以体现"三生万物"的概念。一生二是混沌分出了阴阳两极。二生三是阴阳交汇形成了阴阳统一于一起的第三种状态。三生万物是阴阳交织中的阴阳渐变形成了万物，这是从量变到质变的过程。三生万物中的三不是指三种状态，而是指由阴阳交融形成的第三种状态，即阴阳统一于一体的状态，由三返璞，三而归一，又进入一种新的境界。三生万物的真正含义是阴阳此消彼长形成了物质的各种状态。

4. 宇宙全息论

宇宙万物离不开信息，一物含全信息。宇宙全息论的基本原理是：从潜显信息总和上看，任一部分都包含着整体的全部信息。在《庄子·杂篇》庄子引用惠子说的话："一尺之棰，日取其半，万世不竭"。这里的一尺之棰，就是一尺之杖，今天取其一半，明天取其一半的一半，如是"日取其半"，总有一半留下，所以"万世不竭"。一尺之棰是一有限的物体，但它却可以无限地分割下去。这个辩论讲的是有限和无限的统一，有限之中有无限。这是辩证的思想。

宇宙全息论的核心论点是：宇宙是一个各部分之间全息关联的统一整体。在宇宙整体中，各子系与系统、系统与宇宙之间全息对应，凡相互对应的部位较之非相互对应的部位在物质、结构、能量、信息、精神与功能等宇宙要素上相似程度较大。在潜态信息上，子系包含着系统的全部信息，系统包含着宇宙的全部信息。在显态信息上，子系是系统的缩影，系统是宇宙的缩影。通俗地说，一切事物都具有时空四维全息性；同一个体的部分与整体之间、同一层次的事物之间、不同层次与系统中的事物之间、事物的开端与结果、事物发展的大过程与小过程、时间与空间，都存在着相互全息的对应关系；每一部分中都包含着其他部分，同时它又被包含在其他部分之中；物质普遍具有记忆性，事物总是力图按照自己记忆中存在的模式来复制新事物；全息是有差别的全息。

1.2.6 信息时代的时空观

1. 时间和空间是人类文明发展中的两大主轴和参照系

在人类文明发展过程中，时间和空间是永恒的主轴，是人类活动的基准参考系。更确切地说，时间和空间是每个人与生俱来的产物，任何生命都有自己的生物钟，人类也不例外，而不同地域的生物具有不同的生活习性和特征，不同区域的人种和物种分布就是空间留下的历史痕迹。由此可见，时间空间已经深深扎根于人体和其他物种的肉体之中，成为其不可分割的内涵信息和举止行为必然的组成部分。自有人类以来，人们一直在与时空进行互动沟通，也在不断地进行时空理论探索研究和技术实践开拓，时空研究历来是重大主题，计时方法、设备、装置和方位判别、经纬度测量、天文地文观测，自始至终是科技的先锋和主角，不管是哪个时代，时空研究一直在不停步的深化。人们在生存、生产、生活中，都是把时间空间作为基本标准和参照系，而且根据需要和实际情况，演变出了各种各样的子系、旁系，但是希望有一个统一的体系、统一的标准是人类的共同愿望。而时空一体的理论和实践就是共同愿望的一种具体表现形式。

2. 时空一体集中反映人、事、物的泛在性和唯一性

信息时代明显的特征是千头万绪、千变万化，信息铺天盖地满天飞，各种各样的应用与服务，多种多样的技术与产业，一系列的系统、体系、系统之系统、体系之体系，新名词、新花样日新月异，令人目不暇接、莫衷一是，如何从这些纷繁复杂的"信息万花筒"中理清思路，化繁为简，化简为用，是人类面临的新课题，利用新时空理论，利用时空一体化技术，我们就能够在眼花缭乱的信息世界里，独辟蹊径，找到破解信息的复杂无序、不对称、不平衡、不持续等难题的钥匙，找到发展主线，找到问题的成因，从而越过重重叠叠的障碍，由"山重水复疑无路"的尴尬状态摆脱出来，进入"柳暗花明又一村"的崭新境界。因为，时空与信息都具有泛在性的特性，同样伴随人、事、物存在，密不可分。时空在信息总量中占有70％左右的份额，是信息内容不可或缺的重大组成部分。更为重要的是，利用时空一体的理论和技术概念时，无论是在静止、变化、移动状态，或者是天上、地面、地下位置，以及过去、现在、将来时刻的人、事、物，均可以唯一地确定其能够确定的所有信息。这种唯一性在现时代，能够更加充分地加以确保，因为目前人类在所有的可计量单位中，以时间的计量精度为最高，而时间和空间相互可以转换的，现在的卫星导航系统就是利用测量时间延迟作为测量距离的替代品，实现三点式立体定位，确定被定位目标的位置和时间。卫星导航的方法论集中体现在三个方面：一是利用先进的科技推动产业发展，表现在应用航天的卫星技术和高精度的原子钟时间技术；二是利用卫星组网技术，实现全球覆盖，实现为国民经济和大众民生兼容的服务；三是用时空一体的技术和概念思维，实现了与其他信息技术的高度关联与融合，使得新时空技术得于茁壮成长与发扬光大。

3. 时空一体突出表现在信息服务中的工具性与实用性

时空一体对于天地万物而言，它所具有唯一性特征，是其万能的理论基础和实践依托，也就是说，唯一性是可溯源、可监控、可判决、可智能化、

可持续发展的基础。现代社会中时间已经成为能够实现计量的最为精确的参量，所以时空一体能够实现全球化的智能泛在、实时动态、精准确保、互联共享的革命性工具，是在大数据、智能化和无线电革命过程中的统领一切的主线与领头羊，是新一代信息技术和智能信息产业划时代发展中的中坚力量。当前，在中国战略性新兴产业中，信息产业中蓬勃发展出来的智能信息产业，凭借时空一体的强大的理论武器和实践工具，可以智能地调动全空间覆盖、全时间序列的所有资源，有效地开展全方位、多层次、全球化、历史性的信息服务，整体颠覆了单个人、事、物碎片化就事论事的运作方式，而是有关联的来龙去脉分明的过程化作业。例如，一个人生病，就可以全程跟踪其发病过程、个人病史、家庭遗传、朋友圈、工作环境以及多种多样的体征和变化情况，能够从治病的被动应付转变为主动的防病保护。这种时空一体的服务模式，把任何一个个体作为一个系统来管理呵护，把任何一种技术和产业作为体系加以管护，强化系统性、体系化，增强历史的厚重感和深刻度，把人类社会和地球信息集合作为一个体系之体系的整体加以汇总，创造立体式动态化史诗般的历史与现实构成的活生生的纪录片、动态画卷和永续的长篇，广义上的所谓"一网打尽"的网络变成感知获取、记录储存、沟通传输、处理显示、运作发布、应用服务的平台，在这个历史性大舞台上同时上演波澜壮阔和细致入微的历史剧、现代剧和行将出台的未来剧。

1.3 重要概念、定义和原理

1.3.1 宇宙是时间和空间的大千世界

天地玄黄，宇宙洪荒。宇宙是什么？宇宙二字连用，在中国始见于《庄子·齐物论》曰："旁日月，挟宇宙，为其吻合。"可见，在中国古代先人创造宇宙这一词汇的时候已经把两个字的字义统一起来看待，并为宇宙。《文子·自然》云："往古来今谓之宙，四方上下谓之宇。"这就是说，"宇"是空间，指的是一切的空间，包括东、南、西、北等一切地点与位置，"宙"是时间，指的是一切的时间，包括过去、现在、将来，白天、黑夜、晨昏等。时间与空间世界，或者说是时空世界，是个真正的大千世界。宇宙从空间上说，无边无际，从时间上讲，无始无终，或者说是有始无终。所以"宇宙"这个词有"所有的时间和空间"的意思。把"宇宙"的概念与时间和空间联系在一起，体现了中国古代人民的智慧。总之，宇宙是由空间、时间、物质和能量，所构成的统一体，宇宙是万物的总称，处在不断的运动变化之中。一般理解的宇宙指我们所存在的一个时空连续系统，包括其间的所有物质、能量和人事物。

古人提倡学有修为的人，必须"读万卷书，行万里路"，当时行万里路可不是一件容易的事。对于现代而言，行万里路则是小菜一碟，因为当今世界人们已经不是依靠两条腿走路去丈量地球，或者骑着毛驴闯荡天下。而今，地球只是个小小的村落，是个地球村。从1957年苏联发射第一颗人造地球卫星为标志，人们开始进入空间时代。人类的活动空间逐步向地球以外拓展，空间载人飞行就是明证。1969年，美国人的"阿波罗10号"登月飞行，这是人类走向地外星球的一次尝试，跨出了小小的一步，至今40年过去了，人们仍然踏步不前。而地球到月球的距离为36万～41万km，无线电波只需要不到两秒的时间，就能够从地面飞到月球，因为电波以30万km/s的速度传播。人们经常说，"光阴如箭，日月似梭"，形容时间过得飞快。与空间相比，时间实际上是不可重复的，恰如"黄河之水天上来，奔流到海不复回"。表面上，时间是春夏秋冬，四季轮回，日月星辰，昼夜交替，时时刻刻，周而复始。实质上，时间是单向流逝的，不可能重新来过，正如人们生活中那样，"返老还童"只是个美好的愿望。

1.3.2 时间与空间是人类一切活动的两大参考体系

时间和空间是用来描述物体物理运动变化的两个基本参数，形成四维空间。回答人们永远需要回答的两个问题，即什么时间（一维），该物体会在什么时间，出现在哪个位置（三维空间）。人们在出行过程中，总是在没完没了的思考判断，现在我在什么地方？什么时候能够到达目的地？如何前往？空间和时间的发明是人们为了用一种大家公认的方式来达成一种共识，以利于沟通，即大家都采用相同的时间与空间位置的标准。如用地球绕太阳旋转一圈，所谓的公转周期时间定为一年，而地球自转一周时间作为一天。将地球作为参照物，以经纬度作为地球空间的构成成分，并假设地球为静止，相对于地球的位置变化为运动的空间。基于这种空间和时间的理论，来观察和研究物体运动变化规律奠定了物理学的基础，时空周期变化规律的发现是人类文明的开天辟地章节。通过物理学研究出来的规律，可以精确计算出日月星辰等天体的运动规律，即什么时候某物体将出现在什么位置。时间和空间是构成物理学的基石，物理学描述了物体在四维空间（三维空间和时空）的变化规律。当参照系发生了变化，经典力学的物理的规律不再适用。爱因斯坦突破传统思维，重新思考了对时间与空间的认识，提出了相对论。

1. 空间的定义

空间是具体事物的组成部分，是运动的表现形式，是人们从具体事物中分解和抽象出来的认识对象，是绝对抽象事物和相对抽象事物、元本体和元实体组成的对立统一体，是存在于世界大集体之中的，不可被人感到但可被人知道的普通个体成员，是具体事物具有的一般界定。眼睛可以看到、手可以触到的具体事物，都是处在一定空间位置中的具体事物，都具有空间的具体界定，没有空间界定的具体事物是根本不存在的。空间反映物质运动的广延性。物体在三维空间里的位置可以由三个相互独立的坐标轴来确定。

2. 时间的定义

时间是人类用以描述物质运动过程或事件发生过程的一个参数，确定时间是靠不受外界影响的物质周期变化的规律。例如，月球绕地球周期，地球绕太阳周期，地球自转周期，原子振荡周期等。爱因斯坦说时间和空间是人们认知的一种错觉。大爆炸理论认为，宇宙从一个起点处开始，这也是时间的起点。经典时空观认为，时间是独立于物体及其运动而存在的。进一步也可以认为，时间是指宏观一切具有不停止的持续性和不可逆性的物质状态的各种运动变化过程，是具有共同性质的连续事件的度量衡的总称。时间是一个较为抽象的概念，爱因斯坦在相对论中提出：不能把时间、空间、物质三者分开解释，"时"是对物质运动过程的描述，"间"是指人为的位形划分。时间是思维对物质运动过程的分割、划分。

时间概念对应着客观现实——事物的存在过程。人们除了对"东西"——以实物形态呈现的客观事物，如恒星、行星、分子、原子、细胞等认识以后，可以产生了相应的概念，还可以对不是"东西"的非实物形态的客观事实认识以后，产生相应的概念。例如，国际单位制中七个基本单位所对应的物理量：时间、长度、质量、电流强度、温度、发光强度、物质的量，还有人们的空间、信息、意识等概念反映的也是非实物形态的客观事实。

时间的本原就是事物的存在过程。时间是所有事物皆具有的天然属性，时间是存在的表征，是过程的记录，是人们描述事物存在过程及其片段的参数。事物的存在状态无外乎静止及运动变化，事物的运动变化既有其在空间上的位移，也有其性状的改变。时间是判别一般事物是处于静止阶段还是运动变化阶段的关键。在一定意义上说，时间是人们在生产生活中所创造的一种工具。

时间指物质运动过程的持续性、间隔性的矛盾统一和物质运动状态的顺序性。时间具有一维性，即不可逆性，它只有从过去到现在，直至将来的一个方向，一去而不复返。

时间是物理学中的七个基本量纲之一，符号为 t。在国际单位制符号（SI）中，时间的基本单位是秒。1967 年召开的第 13 届国际度量衡大会对秒的定义是：铯-133 原子基态的两个超精细能阶间跃迁对应辐射的 9 个、192 个、631 个、770 个周期的持续时间。这个定义提到的铯原子必须在 0K 时是静止的，而且在地面上的环境是零磁场。在这样的情况下被定义的秒，与天文学上的历书时所定义的秒是等效的。

3. 时空的定义

最广泛被接受关于时空的物理理论是爱因斯坦的相对论。在相对论中，时间与空间一起组成四维时空，构成宇宙的基本结构。时间与空间都不是绝对的，观察者在不同的相对速度或不同时空结构的测量点，所测量到时间的流逝是不同的。广义相对论预测质量产生的重力场将造成扭曲的时空结构，并且在大质量（如黑洞）附近的时钟之时间流逝比在距离大质量较远的地方的时钟之时间流逝要慢。现有的仪器已经证实了这些相对论关于时间所做精确的预测，并且其成果已经应用于全球定位系统。另外，狭义相对论中有"时间膨胀"效应，即在观察者看来，一个具有相对运动的时钟之时间流逝比自己参考系的（静止的）时钟之时间流逝慢。

就今天的物理理论来说时间是连续的，不间断的，也没有量子特性。但一些至今还没有被证实的，试图将相对论与量子力学结合起来的理论，如量子重力理论、弦理论、M 理论，预言时间是间断的，有量子特性的。一些理论猜测普朗克时间可能是时间的最小单位。量子论还表明，在 10^{-9} cm、10^{-9} s 这样小的时空尺度中，描写事件顺序的"前""后"概念将失去意义。因此，用时间来描述事件发生的顺序，可能并不总是合用的。而极高精度的时间则可以解决这种尴尬境遇。量子力学给现代信息世界最大的礼物，是信息传输技术，现代化高速度的信息交换，来源于高速度的互联互通和传播技术，传输速度达到 30 万 km/s，这是原先的骡马、汽车、飞机，甚至火箭都是望尘莫及的。就是这种电波的传播速度，将现代信息技术推上一个指数级增长的发展历程。而且这样的远距离信息传输，所需要的能量消耗极其微小，因此传送费用极其低廉，甚至是免费的。

时间的车轮滚滚，勇往直前，永远在超越过去，编织现在，创造未来，从不以人们的意志而转移，而却步，而变速。而任何静物的空间位置，在一定的条件下，一定程度上，一定时间区间内是可以固定和重复的，这是卫星导航能够实现的基本依据。只有可固定、可重复，导航定位才可操作，才有价值，但是这一切都是相对而言的，从时空一体化而言，世界上的一切事物都是在变化演化蜕化之中，永远找不到完全一模一样的东西，"今我非昨我"，就是一种形象的写照。去陌生区域，或者旧地重游，找一个地方，访一座庙堂，觅一条街道，寻一栋楼房，都需要有参照点，有地标基准，而这些目标都是可以固定的，在一定时期和场合具有可重复性，对于不同的应用其定位结果是一样的，可以认为是确定不变的。当然，地球空间的地形地貌、地物地标，也会发生变化，所以空间信息也有个不断更新不断变化的需求。从整体上宏观上而言，就一般的人、事、物来讲，他们都是处在一个运动变化，永不重复的流动变化中，现在看来，这种"流变"是一种普遍性规律，已经逐渐成为宇宙组成理论的一部分。而世界上所有的人、事、物均可以表达成为"流"的概念，在移动和信息时代，一切事物均可以以"流"来呈现，如人流、物流、车流、财产流……，都可以用信息流加以表达。

1.3.3　新时空一体化理论

时间和空间是事物之间的一种次序。空间用以描述物体的位形；时间用以描述事件之间的先后顺序。空间和时间的物理性质主要通过它们与物体运动的各种联系而表现出来。在狭义相对论中，不同惯性系的空间和时间之间遵从洛伦兹变换。根据这种变换，同时性不再是绝对的，相对于某一参照系为同时发生的两个事件，相对于另一参照系可能并不同时发生。在狭义相对论中，长度和时间间隔也变成相对量，运动的尺相对于静止的尺变短，运动的钟相对于静止的钟变慢，光速在狭义相对论中是绝对量，相对于任何惯性参照系光速都是用一个符号 c 来表示。

时空的关系：一般意义上讲，时间和空间是物质固有的存在形式，空间是物质客体的广延性和并存的秩序，时间是物质客体的持续性和接续的秩序。它们都是物质存在的属性，它们的关系不是简单的比例关系，也不是简单的转换关系。它们之间的关联是以物质为媒介的，空间、时间与物质不可分离，空间与时间也不可分离。时间和空间都是相对的，对于不同的惯性系来说，时间和空间的尺度是不一样的，它们都会因运动和引力而发生改变，物质引力和物质运动速度会使空间发生弯曲，会把时间压缩，具体的计算过程是非常复杂的。

空间的感知和时间的感知在人类早期就已形成。人们在改造客观世界的过程中，必然要感知到各种物质客体的大小、形状、场所、方向、距离、排列次序等，也感知到各种事件发生的先后、迟速、久暂等，离开空间和时间的知觉就不可能感知物质客体及其运动，无从进行任何有目的的活动。但是人类早期的时空感知是与对物体及其运动的知觉纠葛在一起的。随着抽象思维能力的提高，人们才逐步形成空间和时间的观念，形成标志这两种观念的概念或范畴，并发展到对空间和时间的特性作独立的考察，形成种种关于空间和时间的理论和学说。时空观的历史发展表征着人类对空间时间认识的逐步深化。

1.3.4 新时空服务的定义

时空服务，或者新时空服务，将成为中国实现科技和产业跨越发展的重大体系创新。当前的新时空服务的定义为：从国家安全战略与经济社会发展全局出发，创建前瞻性的新时空服务理论，并以北斗系统所提供的时间空间信息为基础，聚合多种卫星应用，融合多项系统技术，整合多样数据资源，构建天地一体、无缝覆盖、功能强大的时空信息服务网络，建立安全高效、自主可控的新时空服务理论体系、实践平台和产业群体，形成能够承载信息时代的绿色、泛在、智能服务的完善生态体系，提高对全球信息资源领先的制控治理能力，推动中国特色智能信息服务产业的跨越发展，服务于中华民族伟大复兴的中国梦，服务于把中国建设成为自立于世界民族之林的科技和产业强国，服务于全中国人民和全人类。

1.3.5 新时空服务推进理论、科技、产业、体系"四大创新"

新时空服务体系确立全方位多层次创新，其理论创新开全球先河，赢得信息安全的制控治理权，奠定国家信息安全体系和国民诚信保障体系的基础；其科技创新走跨越发展之路，赢得技术自主权，抢占国际制高点，开拓新兴信息技术领域的自主发展与融合集成的科技创新融合体系；其产业创新坚持融合发展之策，赢得信息时代智能化发展的主动权，打造绿色环保、泛在智能、精准确保、实时移动的全球化发展的智能信息新兴产业发展体系；其体系化创新，全面实施推动"标准、专利、人才"战略，全方位多层次地赢得安全高效、自主可控的经济社会发展格局与现代智库知识体系和广阔深远、不可限量的市场前景。

1.3.6 古代的时空观和近现代时空观

1. 古代时空观

以直观经验和思辨为基础，具有朴素直观的特点。据《尸子》一书的记载，中国战国时期就提出了"上下四方曰宇，往古来今曰宙"的命题，这里的"宇"和"宙"就是空间和时间的概念。后期墨家在《经上》和《经说》中提出："宇弥异所也""宇，蒙东西南北""久，弥异时也""久，合古今旦莫"。这里的"宇"是指一切具体场所的总和，"久"是指一切具体时刻的总和，这是当时的空间和时间概念。后期墨家还认识到空间时间与具体实物运动的一定联系以及空间与时间的一定联系，指出："远近，修也；先后，久也。民行修必以久也"；还猜测到空间时间都是有限和无限的统一，指出："穷域不容尺，有穷；莫不容尺，无穷也""久，有穷，无穷"。这种时空观把空间时间与物质、运动联系起来理解并把它们的不可分离性作为不言而喻的前提，实质上是正确的。但它还不能从特殊的可感知的实物中抽象出一般的时空概念。在西方，古希腊的德谟克利特最早提出有独立意义的空间概念——虚空，认为万物的始基是原子与虚空；原子是不可再分的最小的物质微粒，虚空是原子运动的场所；虚空虽然是不同于原子"存在"的"非存在"，但"非存在"不等于"不存在"，并不比实体不实在。原子和虚空都是无限的，因而空间也不是"创造"出来的。这种把空间作为"容纳"物质的独立实在的观点，后来被人们称为"实体论"的时空观。这种时空观为伊壁鸠鲁、卢克莱修所继承，并成为近代机械唯物主义时空观的先驱。亚里士多德反对虚空说，认为不存在无物质的空虚的空间，只有充满着物质的"充实的空间"。空间不是个别物体的广延性，而是某物体与包含着它的另一些物体之间的关系。因此，"充实的空间里面能够有变化"，而"空虚其实倒会把运动取消"。至于时间，则是"按照先后得出的运动的数目"，同运动一样不生不灭。但是，他又断言空间是有限的；在说明时间是可以计算的"数目"

时，认为只有"灵魂"才能计数，因而时间的存在依赖于"灵魂"。亚里士多德的时空观把时空看作关系而不看作实体，所以后来被人们称为"关系论"的时空观。这种时空观在近代的莱布尼茨等人的学说中得到继承和发展，对现代的时空观也有重大影响。

2.近代的时空观

以实验科学为基础，抽象的程度高于古代的时空观，在细节上也比古代的时空观精确得多，但带有早期实验科学的形而上学的局限性。哥白尼的拥护者布鲁诺反对亚里士多德的时空观，继承和发展了德谟克利特的虚空说。伽利略进一步把时空看作物体运动的不变的框架，建立了运动相对性的原理（即在诸惯性系中物理定律等效）和落体定律。牛顿在前人的基础上系统地论述了"绝对空间"和"绝对时间"的概念，他说："绝对的空间，就其本性而言，是与外界任何事物无关而永远是相同的和不动的"；"绝对的、真正的和数学的时间自身在流逝着，而且由于其本性而在均匀地、与任何其他外界事物无关地流逝着，它又可以名之为'延续性'"。按照这种时空观，空间时间是不依赖于任何物质系统而独立存在的实体，是物质的"容器"和表演物理事件的"舞台"；空间和时间本身是绝对均匀、处处同一，没有任何差别的。在这种机械唯物主义的时空观的基础上，牛顿成功地建立了经典力学的庞大体系。莱布尼茨反对牛顿的时空观，从客观唯心主义的"单子论"出发，继承和发展了亚里士多德的时空观。他认为空间是事物并存的秩序，时间是事物接续的秩序，空间和时间都是事物之间的关系，是纯粹相对的东西，而不是独立存在的实体。牛顿的"实体论"和莱布尼茨的"关系论"展开了激烈的争论。康德则根本反对把空间时间理解为事物或事物的规定性。他认为空间时间不属于"自在之物"，不在我们之外，而是我们感知"自在之物"对我们的作用时的主观形式，这两种主观形式既不依赖于外物，也不依赖于具体经验，是我们生而具有的，即所谓"纯粹直观"或"先天直观形式"。这是唯心主义先验论的时空观。黑格尔承认空间和时间是事物自身的规定性，主张空间是充满物质的，物质本身也是具有时间性的。他深刻地指出："人们决不能指出任何空间是独立不依地存在的空间，相反地，空间总是充实的空间，绝不能和充实于其中的东西分离开"；"时间并不像一个容器"，"事物本身就是时间性的东西"。他还指出："空间和时间都属于运动"，运动是"空间和时间的直接的统一"。但是黑格尔的这些论断都从属于他的客观唯心主义体系。他所谓的物质、自然界都不过是"绝对精神"的

"外化"，因而空间和时间也不过是"外在化的观念的抽象规定"。而且，按照他的说法，"绝对精神"在挣脱了自然界的桎梏，发展到了历史阶段后，自然界就成了死的躯壳，只能在空间上展示自己的多样性，在时间上不能有任何发展。这种牵强附会的臆造违反科学揭示的基本事实，也与他本人的时空观中的合理成分相矛盾。

3. 辩证唯物主义的时空观

古代和近代的各种有代表性的时空观都从一定的侧面推动着时空观的深化。但是，由于历史的局限，它们都通过不同的途径陷入了唯心主义和形而上学，不能全面正确地把握时空的本质，并被哲学和科学的发展所扬弃。19世纪 40 年代产生的辩证唯物主义批判地吸取了以往各种时空观中的合理因素，克服了它们的唯心主义和形而上学的谬误，从原则上正确地阐明了空间时间和物质运动的关系，从而创立了科学的时空观。它不断地为科学成果所证实，并在吸取科学成果和战胜现代唯心主义和形而上学时空观的过程中不断地深刻化、精确化、完善化。辩证唯物主义时空观的最基本的内容在于肯定时空与物质运动的不可分离性、时空的客观性和时空的无限性。空间和时间与物质运动的不可分性是指，辩证唯物主义认为空间和时间是物质自身固有的存在形式，离开空间时间的物质和离开物质的空间时间都是不可能存在的。

物质不可能离开空间和时间。任何形态的物质客体都具有一定的广延性和持续性，这种广延性和持续性也就是空间和时间。古希腊的巴门尼德认为作为世界本体的"存在"没有过去也没有将来；黑格尔认为自然界在时间上没有发展；杜林宣称自然界一切前后相继的多样化现象都必然渊源于某种"自身等同的状态"，这种"状态"是不经历时间的。这些都是荒诞的虚构。牛顿在解释引力的传递时假定了"超距作用"，等于承认了某种物质的运动可以不经历时间。对这一点牛顿本人也感到不安，仅仅由于经典力学体系的需要才容忍了这个假定。现代量子力学揭示了微观粒子的"测不准关系"后，有人又以不能同时测定微观粒子的位置和动量为理由，得出微观粒子不具有时空形式的错误结论。实际上，微观领域中的某些特异规律的存在只表明了处在不同运动状态中的物质客体具有不同的时空形式，并不意味着物质客体可以根本不具有任何时空形式。任何领域中的物质客体只要"存在"，就不可能没有任何广延性和持续性。几何学或数学上的没有大小的点、没有宽度的线、没有厚度的面、没有持续性的瞬间等，只是思维对现实的抽象，并不是现实本身。现代科学表明，从宇宙天体到微观粒子，从实物到场，无不具有广延性和持续性。即使直径小到只有 10^{-13} cm 的微观粒子和寿命短到只有 10^{-23} s 的某些共振态粒子，也不能不具有空间和时间的形式，任何能量或信息的传递都不能超越空间和时间。空间和时间之外的物质是不可能有的。

4. 牛顿的绝对时空观与爱因斯坦的相对时空观

（1）牛顿绝对时空观

在经典力学中，空间和时间的本性被认为是与任何物体及运动无关的，存在着绝对空间和绝对时间。牛顿在《自然哲学的数学原理》中说："绝对空间，就其本性来说，与任何外在的情况无关。始终保持着相似和不变"；"绝对的、纯粹的数学的时间，就其本性来说均匀地流逝，而与任何外在的情况无关"。实际上，物体的运动性质和规律，却与采用怎样的空间和时间来度量它有着密切的关系。相对于绝对空间的静止或运动，才是绝对的静止或运动。只有以绝对空间作为度量运动的参照系，或者以其他做绝对匀速运动的物体为参照物，惯性定律才成立。即不受外力作用的物体，或者总保持静止，或者总保持匀速运动。这一类特殊的参照系，被称为惯性参照系。任何两个不同的惯性参照系的空间和时间量之间满足伽利略变换。在这种变换下，位置、速度是相对的，即相对于不同参照系其数值是不同的；长度、时间间隔是绝对的，即相对于不同参照系其数值是不变的，同时性也是绝对的。相对于某一惯性参照系同时发生的两个事件，相对于其他的惯性参照系也必定是同时的。另外，牛顿力学规律在伽利略变换下保持形式不变，这一点符合伽利略相对性原理的要求。

（2）爱因斯坦相对时空观

爱因斯坦推广相对性原理，提出狭义相对论的相对性原理，即不但要求在不同惯性参照系中力学规律具有同样形式，而且其他物理规律也应如此。经典力学和狭义相对论都认为一个惯性参照系可以适用于整个宇宙，或至少一个大的范围。相对于某一个惯性参照系，宇宙中任何范围中的物体运动都遵从惯性定律。

爱因斯坦在广义相对论中指出，如果考虑到物体的万有引力，一个惯性参照系只能适用于一个非常局部的范围，不可能适用于大的范围，或全宇宙。如果对于描写一个局部范围中的物体来说，某一参照系是惯性的，那么对其他范围中的物体运动而言，它一般就不再是惯性的。为了描写在一个大范围中的运动，对不同局部范围要用不同的惯性参照系。物体之间的引力的作用，就在于决定各个局部惯性系之间的联系。用几何的语言来说，各个不同的局部范围的惯性参照系之间的关系，可以通过时空曲率来规定。引力的作用就在于使时空变成弯曲的，而不再是经典力学中的无限延伸的欧几里得几何的绝对空间，也不再是经典力学中的无限延伸的闵可夫斯基空间。

总之，在广义相对论中，时空的性质不是与物体运动无关的。一方面，物体运动的性质要取决于用怎样的空间时间参照系来描写它；另一方面，时空的性质也取决于物体及其运动本身。量子论的发展，对时间概念提出了更根本的问题。量子论的结论之一就是：对于一个体系在过去可能存在于什么状态的判断结果，要取决于在现今的测量中做怎样的选择。所以，除非一个体系的过去状态是已经被记录到了这种情况以外，不能认为体系的历史是独立于现今的选择，而存在于过去的时间中的。

1.3.7 新时空服务理论的创新

与传统的时空理论不一样，我们的新时空理论来源于实践，扎根在广大的民众的沃土之中。在接受北斗系统等卫星导航应用的千千万万甚至上亿的时空信息服务中，抽象出时空需求的泛在性，并结合信息时代的实际，把包括爱因斯坦等前人创造的时空理论发扬广大，站在科学巨人的肩膀上，张开双手去迎接伟大的时空一体理论，让其走出高不可攀的神圣的科学殿堂，来拥抱地球、拥抱大众、拥抱信息时代，真正成为一种神通广大的制胜法宝，服务全中国全人类。更为重要的是，我们的新时空服务是前无古人地在科学理论、技术实践、产业发展和社会进步诸方面同步发力，实现全方位、多层次、体系化推进。这种融合发展的方式是新兴时代、新兴科技与产业革命的需求和特征所决定的。因为它已经有快速发展的科学技术支撑，以及深厚的产业和社会基础。

1.3.8 基本术语

1. 四大体系

新时空服务体系推进和派生的涉及国计民生的四大体系分别是：国家信

息安全和国民诚信保障体系、科技创新融合体系、新兴产业发展体系、现代智库知识体系。

2. 大千世界

大千世界：佛教用语。大千世界是指以须弥山为中心，以铁围山为外部，是一个小世界，一千个小世界合起来就是小千世界；一千个小千世界合起来就是中千世界；一千个中千世界合起来就是大千世界。

3. 卫星导航

时间是一维的量，空间位置是三维的量，时间与空间的融合，从一个地方到另一个地方，出现空间两点间的距离与所使用的旅行时间相互作用问题，便产生了速度（最简单的是距离除以时间），这个速度量也是三维的量，而且是个矢量，也就是说是带有方向的量。这个时候，就形成了导航的概念。卫星导航又称为天基 PNT（定位、导航、授时）。卫星导航定位系统是将时间空间的概念有机地组合在一起，最终实现提供 PNT（定位、导航、授时）三大功能。定位是确定目标在空间的坐标位置，通常在直角坐标系中，目标的位置用 x、y、z 加以表示，一般选择地心为坐标的原点。GNSS 由于是由不同的系统组合而成，不同系统在时间系统上有所差别，但是其溯源都是与协调世界时（UTC）密切有关，后者是真正的时间参照系。因为卫星导航系统的时间信号，具有很高的精度，所以得到广泛的使用，也就成为卫星导航系统的一大功能。卫星导航系统的最为突出的功能是导航，由于时间与空间上的奇妙融合，充分体现了系统的高精度、实时性、动态化、与覆盖范围广和用户无限制的鲜明特色，可以实现门到门的导航，可以实现每周七天，每年 365 天全天候的服务。

4. PNT（定位、导航、授时）

PNT 原来是指卫星导航所具备的三大功能，即定位、导航、授时（positioning、navigation、timing），PNT 是三种迥然不同的重要功能的组合。

（1）定位

定位，是指能以一个标准大地坐标系（如世界大地坐标系统 1984 或 WGS84）为参照，精密和准确地确定所在位置和方位的能力。

（2）导航

导航，是指能确定现在的和所希望的（相对或绝对）位置，用于校准要抵达的世界上任何地点的路线、方向和速度的能力，包括从地下到地面，从地面至空间。

（3）授时

授时，是指能在全世界任何地方和用户定义的时间参量条件下从一个标准（世界协调时 UTC）得到并保持精密和准确的时间的能力。定时包括时间传递。

天基 PNT 指的就是卫星导航系统提供的 PNT 能力，它们来自于 GPS、其他 GNSS，及其增强系统和区域导航系统。

总之，这些天基 PNT 能力，可为全世界各地无限多个用户提供位置、导航和授时信息，且允许每个用户工作在同样的参照系统和同一个时间标准。这些信息对安全保障、经济发展和人们的生活质量的提高，具有越来越明显的重要性。因为，现在日益广泛地认识到天基 PNT 是全球信息基础设施组成的基本要素。

5. 原子时

最早的原子时，是把铯原子跃迁定为秒标准的计时系统。1967 年 10 月，第十三届国际度量衡会议通过原子时秒长的定义为：位于海平面的铯 133 原子基态的，两个超精密能级，在零磁场中跃迁辐射振荡为 9 个、192 个、631 个、770 个周期所持续时间。原子时起始时刻为 1958 年 1 月 1 日世界时零点这一瞬间。铯原子钟的准确度能达到 10^{-12} 以上量级，也就是说铯原子钟每天的误差只有一亿分之一秒，大约 30 万年才有 1 秒的累计误差。

6. 时空一体带领的一体化"群体"

时空融合一体这一概念，引申出一系列的一体化概念，其中主要包括：GNSS 多系统天基融合一体、天基地基无线电系统融合一体、室内室外多种技术手段融合一体以及国计民生多个产业领域融合一体。这样的一体化"群体"，实现各种各样技术系统和多种多样产业体系的融合，推进一体化融合，体系化发展，将创造一个全新的智能信息产业时代。

7. 信息世界构成的三大概念

简单地说，信息世界构成可以分为三个基本概念：

（1）信息总量

信息总量指构成事物及事物本身所具有的信息的总和。当然，任何一种物质或一个物体，人们在表述事物所携带的拥有的信息时，都是采用类举的办法，事实上任何类举都是无法表达事物所拥有的全部信息的。如一张桌子，在现实生活里我们表述它的时候，无非只能从款式、颜色、大小或复杂到它的材质和来源等，其实它本身所含括的内容不是用类举的办法能够表达完整的，如果是收藏在博物馆里的一张桌子同现实人们生活中的桌子未必有多大的区别，如果用来烧火，也许同样都只能烧开一锅水，但它们却各自承载的信息是不同的，而作为博物馆里的一张桌子，是博物里的一张桌子的信息总和，现实生活里的一张桌子则是现实生活里一张桌子的信息总和。作为事物是这样，作为宇宙是这样，作为国家是这样，或者你和我也是这样，任何一个客观存在的事物各自都是自己的信息总和。

（2）信息元

元是信息组成的最小单位，是信息的基本表现形式，同时是事物构成的基本要素。如物体的颜色、高度、物质间的能量交换等现代物理学、化学概念下物质的性质或特性，以及该事物本身所具有信息的个体要素。而作为物质的组成部分，它们有的是以物质的性状表现的，有的则是事物构成的逻辑关系，如水的物理性状，无色是水的信息元，而化学上水的水分结构或排列方式同样是水的信息元。

事实上，在现代科学的水平上，都用类举的办法表达客观世界、物质的物理的或化学的性质，而以此事表述物质的概念的本身，仅是物理学或化学的方法而已，远远不足以表达事物的本身，因为所有科学都是建立在假设的理论基础上的，即使被无数实验证明这种假定是对的。

（3）信息系统

信息系统是指无数个信息元按照一定的规律组合来表达事物的属性或事物性状、功能等的逻辑关系。任何事物的变化都是物质和它所潜在的逻辑关系（信息系统）和信息元的变化。当然按照逻辑分类，信息系统又可分为无数子系统和它的信息元，它们合在一起则为信息的总量。然后与物质一起构成了我们现实世界里的物体或客观事物。

通过以上对物质与信息概念的定义，目的在于能找到理解与分析客观存在的事物、客观世界的最有效的方法。

第2章 新时空服务理论

2.1 新时空服务体系的来龙去脉

北斗系统是我国自主建设的卫星导航系统，正如其他的卫星导航系统一样，它是国家现代信息基础设施，它之所以如此重要，被提高到国家战略性基础设施的位置上，是由于它提供的时空信息的不可或缺性。而时空概念的推而广之，其泛在服务性、其智能工具性、其时空一体的唯一性原理等，是我们在信息时代的基本资源和发展力量。由此可见，正是北斗这样的卫星导航系统，将最新的时空科技成就推向国民经济和人民生活的方方面面，开创了新时空服务的先河，奠定了新时空服务体系的基础（曹冲和景贵飞，2014）。

2.1.1 时空的普遍性原理

不管人们愿意还是不愿意，时空是如影相随，不离不弃，永远相伴的。离开了时空，一切就化为乌有。北斗系统由于能够提供时间空间两大参数，因此成为国家之大器，成为国家信息基础设施，成为国家行为和发展战略的重要组成部分。这是时空的普遍性原理决定的。宇宙在一定意义上说，就是时空，时间空间与物质和能量（运动）已经成为大家公认的宇宙之三大构成要素。自有人类以来，时间空间就是人类发展中的两大参照系统，随着科技进步，时空越来越成为国计民生之大器，像阳光雨露、水分空气那样，无法离开，这是不以人们意志为转移的客观规律。尽管人们能够"上天入地"，能力越来越大，但是总不可能越过"时空的雷池"一步，这就是因为世界上任何物质的存在及其运动变化，都与时间空间密切相关，这又是时空的普遍性原理在起作用。

2.1.2 时空信息的时代特色

当人类进入 21 世纪，进入了信息时代，以互联网为代表的信息服务和消费表明，有 2/3 的信息与位置有关。实际上人们大量的统计结果表明，信息总量的 70%～80% 是与时间空间相关的，由此可以看到，时空信息服务泛在性需求是客观存在的。世界上差不多所有的大国均把卫星导航系统作为国家战略纳入自己的空间基础设施建设，中国、美国、俄罗斯、日本、印度五个国家及欧盟都成为卫星导航服务的供应商，这是最为有力的例证。这是因为卫星导航系统是一个一体化提供时间空间参量的系统，而且利用数十颗卫星，就能够实现全球性覆盖，充分体现了航天技术的神奇力量。同时，也进一步彰显了时空一体化应用与服务在信息时代的主旋律地位，激发了人们对于时空服务泛在性探索的灵感与热情，以时空间融合一体为龙头，形成了多模融合一体的发展大趋势，这就是 GNSS 天基融合一体、天地基融合一体和室内外融合一体，带动国计民生融合一体，这样的四个"融合一体"，全面地代表了信息时代的时空应用与服务的特色，也是信息时代时空科学技术达到新高度的写照。

2.1.3　国家时空信息服务体系的基础

北斗系统的建设及其分阶段投入运营，这是国家时空信息服务体系的基础，卫星导航系统是多种多样高科技的集合，是现代科技的集中代表和集群制高点，其突出特点是利用了高精度的时间，从时间而言人类已经进入原子钟时代，原子钟所代表的时间计量，达到了所有度量衡参量中精度最高的参数，现在的时间精度达到 10^{-17} 的水平，也就是说，这样的原子钟的累积误差每三亿年才有 1 秒。而高精度的时间测量，是现代导航测量距离的基础，从卫星出发的信号，到达导航定位接收机所经历的时间，乘上信号传播的速度（通常为光速 $c = 30$ 万 km/s），就是卫星和接收机之间的距离，这是时空融合一体的知识涵义所在。

由北斗系统为代表的卫星导航应用与服务，所带动起来及其诱发出来的时空信息服务巨大需求和庞大产业，前景是不可限量的。它们是整个信息时代和信息产业的新兴力量和基础，是整个智能信息产业的发展基础。北斗系统是中国大国和平崛起的重要标志，是今后 10～20 年间，中国能够系统性进入全世界、服务全人类的标志性工程。北斗系统的问世，已经引起全球关注，也受到许多国际知名大厂商的关注，并且投入巨资开发北斗系统应用芯片和其他的产品，这是一种值得关注的好现象。由此可见，北斗系统已经，并且将进一步为国家时空信息服务体系的建设完善奠定坚实基础。

2.1.4 时代的呼唤和新时空"新"在何处？

当今世界危机四伏，充满变数，也充满机遇，业已到了中国不得不出手的时候了，机不可失，时不待我。科技进步日新月异，信息发展时新分异，先进国家利用在科技和时间上获得的优势，搞地缘政治，搞柔性掠夺，搞恐吓欺诈，利用信息不对称谋一己私利。这就是信息与媒体的作用。当然，美国在许多方面也没有幸免于难，"9·11"恐怖袭击事件、2008年金融危机、卡特里娜飓风均让这个信息无比先进的国家，弄得狼狈不堪、灰头土脸。回顾这一切，让人们不得不深思，不得不扼腕叹息。中国在近30年的快速发展以后，也遇到了内外矛盾夹击的综合性难题，经济异乎寻常的高速度发展，暴露出来城乡失调、贫富悬殊、能源短缺等问题，更加令人发愁的是环境严重污染，对大气、水源、土地的污染达到忍无可忍的地步。这些问题的关键是胸中无数，缺乏数据、缺乏信息、缺乏知识，缺乏战略思维和顶层设计，往往是被动地穷于应付，拆了东墙补西墙，手忙脚乱地忙活，问题却是越抓越多。

为什么全世界都危机四伏？这是因为世界处在一个从工业化时代向信息化时代发展的转型期。对于中国，应该说到了高瞻远瞩、全面规划的时候了。从战略和理论的高度，从国家面向21世纪中期实现中国梦的伟大使命出发，好好地将新时空服务体系这样划时代的概念落实下来，全方位多层次地推进新一代信息技术和新兴的智能信息产业革命，实现现代化的富民强国梦。

新时空"新"在什么地方？时空（时间与空间）理论是个"旷世奇才"，是人类一直在不断探索的永恒主题，是"顶天"的大事。我们的"新时空服务理论"，其"新"的涵义是重点解决"立地"的事，解决在信息时代时空理论的新发展新应用新服务。服务是一种社会化特征，尤其是信息社会产业重大转型的方向和典型标志，是立地的大事。要实现这样顶天立地的大事，最终必须有个庞大的体系加以支撑，才能涵盖科学理论、技术实践、产业发展和社会进步的方方面面，后者已经不是本书这样的"新时空"能够全部阐述清楚，需要后续的其他著作来加以详述。

新时空服务理论，其侧重点不是时空理论本身，而是有效利用古今中外所有的时空理论合理合用的成果，聚焦应用到信息时代的今天的实际生产生活中来，尤其是通过新时空服务理论将信息世界的诸多技术系统和诸多产业领域统领起来，把新时空服务作为核心技术要素、产业发展主线和强大推进工具，以贯通一切、贯穿始终，一贯到底的理念，将信息时代推上智能化发展的壮丽进程。此时空，非彼时空，新时空服务体系涉及时空一体的概念，但不是研究时间和空间本身，而是通过利用已有的时空科技成果，开展信息服务，用时空一体的概念融合多种信息技术、多个产业领域和多样化的应用服务群体，从而将大众化服务的伟大主题发挥到极致，真正做到服务为民、惠民、亲民，为建设众望所归的公民社会奠定理论与实践基础。

2.2 GNSS 面临转折发展与脆弱性考验

2.2.1 "新时空"是产业瓶颈与壁垒的化解对策与谋略

卫星导航系统及其产业存在两个"出乎意料"，其根本出路是"新时空"，实现多系统技术和多产业领域的开放创新、融合跨越发展，进入泛在服务的伟大征程（曹冲，2009）。

第一个"出乎意料"的，就是应用服务领域与范围如此广泛深入，如此"只受到人们想象力的限制"，这一出乎意料之外，就连 GPS 的策划设计者也万万没有想到的。因为 GPS 作为卫星导航系统真正的开山之作，其初衷是服务于军事的，最早的设想是为北极星潜艇发射远程导弹，确定发射点的精确位置，以便能够保障精确命中打击目标奠定基础，完全是从极其简单的重大需求考虑建立的系统。唯其简单明了，才可在当时苏美冷战条件下得以成功立项；唯其简单，所以后来开放成为军民两用系统时，竟然发现其用处简直是无所不在，因而感到非常"出乎意料"；但是随着卫星导航应用的不断广泛深入，人们发现它同一切先进的科技一样，存在着自身的局限性，唯其优点特别明显，同时其不足也特别突出，所以难免有明显的后遗症，系统及其应用受到环境因素的制约十分突出，而且环境因素有若干方面，尤其是物理遮挡、电磁干扰和欺骗环境，在一定场合更可能成为一种致命伤，在广大的室内空间又基本上无法使用。2011 年年底，伊朗成功劫持美军军用无人机，就是一个鲜明例子，千万不可小看这样的事件，其内涵非常丰富。这里就引领出来另一个"出乎意料"，就是卫星导航信号的脆弱性如此明显，一览无遗，在某种程度上来说，是有点不堪一击的嫌疑。一个可乐罐头大小、发射功率为 1W 的干扰机，在适当条件下可以让方圆几十平方千米区域内的 GPS 民用接收机瘫痪，无法有效获得定位数据，或者干脆无法工作。

这也是所有卫星导航系统的通病，因为卫星在数万千米以外的轨道上，卫星信号经过这样遥远的里程，来到地球表面的信号已经衰减得非常微弱，所以根本经不起干扰的折腾。实际上，卫星导航用户接收机为了能够接收这种微弱的信号，通常都是具有很高的灵敏度，所以很容易受到干扰，不能正常工作。卫星导航的脆弱性，并不只是电磁干扰和人为欺骗，还有其他种种。所以，需要实现融合发展，集成整合其他不同的系统技术，和不同的产业领域资源，提供综合性的室内外无缝导航定位授时的基础设施和总体的硬件共享平台与定制化的专业服务软件套餐，以及多种多样的智能终端解决方案，为形成完整的体系奠定基础。

2.2.2 "新时空"是信息产业发展的核心主线和领头羊

十多年来，卫星导航、互联网、移动通信一直是信息领域中发展最快的三大产业，也是战略性新兴产业重点瞩目的方向和新一代信息技术需要重点关注的主要行业。信息服务和消费是中国经济结构转型和经济增长方式转变的最有发展前景的方面，因为它们牵涉到国计民生的方方面面。但是，在千姿百态、千变万化的信息产业领域，究竟什么是主要矛盾和矛盾的主要方面？什么是"牛鼻子"？这些年来，多种多样的新名词，如物联网、云计算、大数据、移动互联网、新一代宽带网、智慧城市等，令人眼花缭乱，各级政府推进相关产业发展的"若干意见"连篇累牍，叫人莫衷一是，真有点无从下手的感觉。主要问题是没有因地制宜、因时制宜的解决方案，原因在于这些事情往往不是地上长出来的，而是天上掉下来的，事情没有个来龙去脉，没有个轻重缓急，没有个前因后果，没有个战略思维和顶层设计。有什么办法来解决这一系列难题呢？用"新时空"这一强大武器，将它作为核心主线和领头羊，就能够抓住"牛鼻子"。信息服务的千头万绪，归根结底都离不开时间空间这两大参量，并且信息总量的2/3以上均与时空相关，而且利用时空一体的概念引申出来的泛在性、唯一性、工具性等一系列特性，成为信息整体的核心主线，贯通感知、传输、服务这样的信息产业链三大环节，横贯东西南北全方位全空间，纵贯过去、现在和未来，充分利用当时当地的原有基础、资源、能力，用提供增量来调动和挖掘存量（甚至"变废为宝"）。值得指出的是，从长远发展来看，"新时空"所构建的体系，是将信息社会的整体演进变化过程记录、拍摄、储存下来，形成全时空信息的历史画卷，它所带来的影响力、震撼力将是无法估量的，产生的经济和社会效益也是无法估量的。它能够引导信息应用与服务消费，从无序走向有序，从复杂走向简单，从小众走向大众，走向智能化、大众化、产业化、服务化、全球化。

2.2.3 时空是统一信息产业体系的框架和融合一切的主线

当前，全球发展面临时代和产业双重转折发展期，这就是社会文明从工业化转向信息化发展的时代转折，和信息时代从数字化、网络化时期转向智能化发展的产业转折。转折带来了重大挑战，同时也迎来了重大机遇。中国以北斗系统为核心的卫星导航产业，现在正进入黄金发展期，同时以它为依托基础的时空信息服务的新兴产业，正在进入一个百年难遇的重大机遇期。卫星导航之所以成为全世界大国共同关注点，成为航天技术中真正能够服务于国计民生和大众化应用的高科技，同时又能够发展成为国家时空服务体系的基础，其共同的理由至少有三：一是它能够提供时间空间信息参量，因而成为国家的空间信息基础设施和共享资源，成为千头万绪、千丝万缕信息产业摆脱"扯不断，理还乱"尴尬境地的独门法宝；二是它具有高精度泛在性特征和实时动态运作能力，因而成为智能化的重要工具和引领手段与技术支撑系统，成为统一信息产业体系的框架和融合一切的主线；三是它可实现产业规模化、服务产业化、市场全球化，因而成为新一代信息技术和智能信息产业重大驱动力和领军产业，成为大国和平崛起和服务全中国全人类的重大标志性产业。

2.3 新时空服务是客观需求，是创新驱动和引领跨越发展的基础

2.3.1 新时空服务全面体现"创新驱动发展"宏大理念

新时空服务体系所追求的四大创新，烘托出以信息服务与消费为主体的五大体系。它集中体现了创新驱动的宏大理念，全方位多层次地展现了时空服务体系的不可或缺性和无可比拟的共性关键基础特色。时空服务理论创新和智能信息技术与产业体系平台的建立，其主要目的是为了赢得四大制权，即通过理论创新赢得"制时空治理权"，确保国家网络安全、信息安全、国防安全、经济安全和社会公共安全，以及国家和全民诚信保障体系的建立和完善；通过技术创新赢得"制国际话语权"，抢占全球时空科技制高点，实

现赶超和跨越发展，在泛在智能时空服务领域成为全球领军者；通过产业创新赢得"制发展主动权"，实现前沿突破、高端引领、资源整合、开放共享，将技术上的多系统融合和产业上的多领域融合作为主体发展思路，推动产业快速健康、规模持续发展；通过体系化创新赢得"制标准知产权"，全面推进"标准、专利、人才"战略和"政策、法规、金融"配套对策，将泛在智能信息服务的体系化成果推向全中国全世界。通过自成体系的发展，从而能够从根本上摆脱国外知识产权的壁垒和掣肘，而且能够全方位多层次地与国际强国和对手，在软实力和综合竞争力方面进行正面抗衡与交锋，进入从"消极被动、穷于应付"转为"积极进取、得心应手"的新型发展阶段，真正做到"安全高效、自主可控、融合跨越、创造卓越"，为实现中国梦鸣锣开道，奠基铺路。

2.3.2　新时空服务引领跨越发展，与中国梦息息相关

　　新时空服务推动的科学理论与实践与中国复兴梦息息相关。在 21 世纪信息与网络时代的今天，以时空服务为代表的科学技术与产业社会革命，首先在中国被提出来，并有可能成为一项国家战略与行为，这是一种时代的呼唤，是与中国梦不谋而合的伟大创举。新时空服务体系明确指出，当代中国人完全有机会、有条件、有能力创造一套符合信息时代要求的、具有中国特色的、服务于全中国全人类的国家时空服务体系，成为"中国梦"的"两个一百年"的重要组成部分。以北斗系统为基础的时空服务理论与实践体系，是中国新一代信息技术和新兴智能信息产业的核心要素和共用基础，也是无时不在、无处不在的现代信息泛在智能服务的共性技术和共享基础。同时，还是在目前和今后相当长时期内，能够将多种多样信息相关的热点技术和亮点产业贯穿连接起来的关键主线，并能将各种各样信息应用服务内容全方位多层次粘连起来的黏结剂，其高技术特点将引领专业、大众、安全三大市场，拖动新兴信息产业集群发展，满足国民经济和人民大众现实和长远的需求，利民便民惠民，形成数以十亿计的用户群体和数以万亿元，乃至十万亿计的产值规模的大产业，从而在一定程度上支撑产业结构转型和改变经济增长方式的历史进程，并且促进大批的新系统、新应用、新服务的孕育诞生、成长壮大。其目标是，以北斗系统为核心驱动力和基础支撑力，构成以对地观测和地理信息系统为两翼的空间信息技术与天地一体的传感器综合技术网络、先进信息通信传输技术网络、现代云计算服务技术网络为支撑的时空服

务体系，推进中国信息产业中的战略性新兴产业，也就是"智能信息产业"的大发展大进步。时空服务体系，是能够有效提供时间空间信息的高技术，能够实现全中国、全球性、全天候的泛在智能服务，保障相关的人、财、物能够实现有序流动，尤其是时空信息流为主体的各种各样信息流的畅通无阻，达到各在其位，各行其职，人尽其才、物尽其用、车行其路、货畅其流，信通其道，成为智能信息产业的根本基础，成为众源感知、普适传输、泛在服务的智能信息产业链和平安中国、智慧城市、智能三农的发展基础，和实现信息产业转型与科技创新赶超、建设小康社会与大国和平崛起的根本性依托基础。

2.3.3 时空一体将统领智能信息产业走向战略性新兴产业主战场

从中国的北斗系统，引申出卫星导航的时空一体概念，由时空一体拓展到泛在导航定位授时应用和智能信息服务，导致时空一体为主线与新一代信息技术和智能信息产业间的必然联系。信息产业各种各样领域，智能信息服务多种多样方面，信息与智能的千丝万缕、交叉融合，都与时空一体概念紧密相连，而且均离不开时空这一主线，显示时空一体的不可或缺的重要性。当前与新一代信息技术相关的许多新兴领域，如物联网、云计算、大数据、智慧城市、位置服务、"三网合一"、新一代宽带网络、移动互联网等，都可以用时空一体概念加以贯穿，当前与智能和智慧相关的服务产业所有领域，如智能交通、智能电网、智能通信、智能社区、智能家庭、智能楼宇、智能终端、智能管理、智能服务、智能物流等，都可以用时空一体概念加以贯通。由此可见，抓住了时空一体理论和实践，相当于抓住了智能信息产业的"牛鼻子"，就可以从整体上把握产业发展的脉搏和动向，牵一发动全身地推进产业总体的前进步伐，而且从抽象和具象两个层面促进拉动产业上下游的联动发展。智能、信息、服务与感知、传输、服务均通过时空一体的概念，形成技术产业的有机组合，而且自然而然地汇聚到服务这一产业的终极目标上来。

2.3.4 "新时空"方向、任务与目标和承载的国家战略和使命

从长远和整体发展而言，本书按照"相对与绝对、宏观与微观、虚拟与现实、量变与质变"四重奏结合的哲学原理，和"时间空间一体、天基地基

贯通、长远当下统筹、国计民生兼顾"的四大战略原则，所谓的"新时空服务体系"，是以北斗系统为基础，通过时间空间一体、天基地基一体、室内室外一体、国计民生（生产生活）一体的"四位一体"的思维概念创新，构建由泛在智能"时空科学理论"，与资源聚合和系统集成"技术创新实践"组成的复杂生态体系，提供泛在普适的智能信息服务，成为中国大国崛起、强国奠基的重大科学技术支撑系统，在国际定位导航授时、信息服务、网络科技竞争中，以其战略性、前瞻性、领军性、平台性四大特质，成为开创先河、独辟蹊径的"卓越跨越超越"科技生态体系。总之，新时空服务体系是个完整的概念。新时空是指"泛在时空服务论"科学理论基础，和"全（多）源导航学"信息服务技术实践平台，最终将它们提升为服务国计民生的国家体系，这就是"智能时空服务观"为主体的国家安全、产业经济、社会发展和民生为本的生态体系。实际上，这是在网络时代和信息社会背景条件下，以新时空服务体系为龙头的科学技术革命，将科技从高深的殿堂解放出来，用以推进具有泛在智能、实时移动、精准确保、全息分享、绿色低碳、服务大众等一系列特色的智能信息新兴产业革命。新时空服务体系的要点为：

方向是：理论突破、实践创新、体系跨越，着力实现中国梦。

任务是：时空为核、信息为体、服务为民，走向伟大复兴路。

目标是：打造和平崛起、和谐发展、以和为贵的新秩序新世界，建设大网络大沟通大智慧的新时代新世纪。

原则与路线是：开放创新、融合跨越，协同分享，服务为本。

承载的国家战略使命是：通过国家新时空服务体系的建设，全方位多层次构建国家信息基础设施，实现新时空科学理论、技术实践、产业发展、社会促进的序列化创新突破，赢得信息安全制控治理权力、科技进步话语权、产业与社会发展主动权和自主权，打造国家信息安全体系和社会民生诚信体系、科技创新体系、产业和社会发展新兴体系，服务于建设小康社会与和谐世界，服务于实现"中国梦"的"两个一百年"，服务于中国和平崛起和全中国人民与全人类。

2.4　新时空理论的基本属性和秉赋

2.4.1　时空信息与物质的不可分割性

宇宙是时空的宿主，更是信息的宿主，更加科学的说法是，时空就是信息的核心主线。时间与空间和物质的不可分割性，实际上是信息和物质的不可分割性的体现。信息必须有载体，有其产生的源，即信源，信息必须要有存储、处理、传输、显示、发布的介质与媒体和渠道，这些都与物质不可分，与天地万物，包括人员、事件和物体息息相关。

2.4.2 时间和空间的融合一体性

时间和空间是地球人与生俱来不可或缺的两大参考系统，进入信息时代，这两大参考系统在其应用和服务方面具有典型的融合性特征。时间和空间的融合性主要体现为多模天基、天基地基、室内室外和国计民生的"四个融合一体"，由此所形成的时空一体化概念是促进新一代信息技术集聚融合联姻的关键理论支撑，这也将是信息社会新的信息服务理论体系的重要基础。信息服务理论体系建设将是一个创世纪系统工程，而时空信息应用服务的泛在化、大众化，将首先使信息服务的智能化演进成为可能。

2.4.3 时空服务需要四大创新

时空信息服务体系建立的过程中，第一需要理论创新，理论创新要开全球先河，赢得信息安全的制控治理权，奠定国家（信息）安全和国民诚信保障体系的基础；第二是科技创新，要走跨越发展之路，赢得技术自主权，抢占国际制高点，开拓新兴信息技术领域的自主发展与融合集成的科技创新跨越体系；第三是产业创新，要坚持融合发展之策，赢得信息时代智能化发展的主动权，打造泛在智能、精准确保、实时移动的全球化发展的智能信息新兴产业发展体系；第四是体系化创新，全面实施推动"标准、专利、人才"战略，全方位多层次地赢得安全高效、自主可控的经济社会发展格局与现代知识智库体系和广阔深远、不可限量的市场前景和良好的生态系。

2.4.4 信息是世界的本质，是群体行为

信息是群体行为，是群体发展必不可少的客观需要，而信息相互联系和沟通是万物的生命之源。回顾许多划时代的科学理论和技术实践会给我们以"一语破的"之感。我们可以从以下这个微观的例子看到信息的基本特征。

"遗传变异"是达尔文进化理论的核心观点之一。而所谓遗传，实际上

就是生物的亲代通过基因这种媒介把自己相关性状的重要信息向子代传递的现象。事实上，从根本上来说，"物竞天择"，竞的就是基因这种媒介上所承载的"信息"。细胞是构成生物体的最基本单元。而"细胞社会学"从系统论的观点出发，发现多细胞生物其实是由不同类型的细胞组成的一个开放的"社会"。这个社会中的单个细胞间都必须协调它们的行为，为此，各细胞间建立信息通信联络是必需的。众多细胞正是通过细胞之间的信息传导来进行识别、通信、集合、粘连和相互作用等，从而才成为一个统一的生物整体。这个生物整体则通过相应的生理反应或引起相应的基因活动来对多变的外界环境做出综合反应。生物整体及生物体内的细胞群也正是通过细胞之间的信息传导来对各个细胞的生长、分化和死亡等活动进行调节控制。没有细胞之间的信息传导机制，地球上将永远没有比单细胞生物更高级的多细胞生物形成。

2.4.5 信息的五种基本属性

信息的五个基本属性分别是：

1. 信息是物质构成事物的前提

世界由性状各不相同的物体构成，那么这些构成性状不同的物体的原因，就是物体的构成或携带的信息不同，纯物质不会构成事物，当然也不可能构成客观世界。

现代科学包括物理学也表明，哪怕是相同的物质，只要结构不同或物质的排列方式不同，所表现的事物是不同的。小的如电子、中子、夸克粒子等，它们都携带着许多人类还没有认识到的东西；大的如完全相同的砖块和水泥，却被人类用来建成了形状各异、高低不同的大厦，这就表明即使物质相同，它们携带的信息不同，或说相同的物质，给它们注入不同的信息，它们最终构成的事物是不同的，所以可以这样说，信息是物质构成事物的前提，没有信息的物质是不存在的，而且没有信息的事物是没有意义的。

2. 信息可以以类物质的形式存在

事实上信息往往具备物质的四个基本属性，即"运动的、永恒的、有能量的、不可再分的"中的某种或同时具备两种或三种属性，但绝对不会同时具备物质的四种属性。我们可以把信息具备的物质属性中部分属性的事实称为类物质，例如，星光、月光在量子力学中称之为虚粒子。物质运动的属性决定了类物质信息会同物体（客观世界）的构成中所携带的信息一起，随物体的变化发展而运动，但是作为非物质世界中所拥有的信息则是不运动的固化物，例如，历史、时间、思维、意识、生产力、生产关系等，而这些非物质的信息实际在一定程度上已经成为现实世界的具体组成部分。

3. 信息具有可交换性

在信息技术概念里，信息交换是指使用某一技术手段，通过某一信息工具将信息数据传递给另一信息工具的过程；而在客观世界里，信息交换指事物在运动过程中，事物间将所具有、携带的信息相互传递交换的特性。事实上，在客观世界里所有的运动过程都是信息交换的过程。例如，物体运动的本身是放弃一个空间占有另一空间的过程，实质上它本身是将自己的信息施于另外所有相关事物的过程，而相反的，它所相对的事物都在与它发生信息关系。在现实生活里，比如我看到了你，事实上你未必看到了我，但是你本身所携带的信息（年龄、身高、衣着、气质等）都已经传递给我，而如果你看到了我，我所具有的相关信息也必然被你接受，哪怕你真的没有看到我，而实际上我们之间已经构成了客观存在的相互关系。即使你走到大街上，看到了一棵树或一个花坛，树与花坛的信息必然被你们接收，包括树与花坛的特征、或者人类赋予它们的内涵，这显然不是意识问题，而是你和我实实在在地看到了树与花坛的存在——本质上我们与树木、花坛间做了相应的信息交换。

4. 从时空唯一性意义上说信息是不可复制的

复制是指按照事物本来的特征、特性重新制作制造的过程，但任何客观事物都具有它本来应具有的信息，任何复制都已经不是事物的本来，包括生物学上的克隆、细胞分裂在内。细胞分裂为相关的自己后，已失去它自己的本来，即它们各自承载的相关信息是不同的。所以有人说"人不能两次踏入同一条河流"或"世上没有完全相同的两片树叶"，因为即使同一条河流在不同的时刻或是同一时刻不同地方生长的每一片树叶，都承载着各自不同的信息，因而在严格意义上它们是不可复制的。

5. 信息是可转换的

在客观的物质世界，信息随时都在变化，这种变化当然不是指所有信息总量在变化而是指信息总量中的部分，从某些信息转换为另外的某些信息。

2.5 信息社会的世界观和价值观及新时空理论创新与方法论

2.5.1 现代信息经济社会发展的世界观

近代以来，工业文明把人类社会推向了工业化、市场化、城市化和全球化新的发展阶段。与此同时，为其社会本性所决定，它又把人类社会的物质生产和精神生产都变成为它追逐利润的手段，社会发展被物本化，人成了物的附属物，变为"单向度的人"，生产主义、科学主义、享乐主义、消费主义成了它的世界观、历史观和发展观。于是，人类社会不仅遭受了它推行殖民掠夺、世界战争的劫难，又面临着资源、能源浪费，环境严重破坏，生态日益失衡，贫富差别加深，社会腐败，道德堕落等问题。尽管从 20 世纪六七十年代以来，罗马俱乐部、生态环境主义者和未来学家等有识之士就发出了警告，一些发达国家也进行了若干的探索。但是整个世界特别是不发达世界的发展仍然陷入巨大的困境，增长难以为继。这些现代发展的通病，在走上现代化、市场化、国际化道路的中国，也日益显现出来，成为我们发展面对的难题。面对这个关系人民福祉、国家前途、人类命运的大问题，绝不能掉以轻心，必须积极应对，同时也不必惊慌失措，裹足不前，甚至走回头路。只有坚持社会主义核心价值观，坚持人民当家作主的中国特色社会主义新型制度，同时发挥独有的思想政治优势，运用正确的世界观和方法论来思考发展问题，我们就能够科学地借鉴人类发展的经验，深刻检讨发展的进退得失，勇于破除发展的思想的和体制的障碍，适时地提出转变发展观念，创新发展模式，提高发展质量，落实"开放创新、科技驱动、协同统筹、共享服务"的先进理念，全面推进经济政治文化社会建设，建设资源节约型、环境友好型社会，坚持走生产发展、生活富裕、生态良好的文明发展道路等反映时代要求、符合我国实际和体现人民利益的发展理论和战略，并扎实地逐步地把它们落实到经济社会发展的全过程和各个环节，把经济社会发展转入到全面协调可持续的、发展成果惠及全体人民的轨道，展现着社会主义经济社会全面发展的新前景。这就是我们的科学发展观的威力和奥秘所在。

2.5.2 信息资源是财富，更是服务大众的共享资源

信息资源具有非常非常独特而神奇的特征和力量。一是即使对于目前人口数量达几十亿之巨的人类来说也总是取之不尽，用之不竭，反而越取越多；二是具备无限伸缩性和包容性，哪怕是一条信息也可供无穷多的人同时使用，即使供无穷多的人反复取用也不会减损半分，反而越用越新；三是来挖掘的人越多越广越好。因为每个人的角度总是有一些差异，挖掘出来的信息会变得更具多样性而且更丰富多彩；四是人们在挖掘这种资源时，欲望越强烈、开采面越宽、越深入，当然收获越好，且不用担心破坏生态、引起失衡等副作用；五是人类在开发、集成浩瀚无涯的信息时更愿意采用合作的方式，更能清楚地知道自己的不足与责任，也真正能按"各尽所能，各取所需"这种梦想般的原则来交换和分配它们。因此信息正是推动人类高效进行增量改革、以增量调动存量，实现共享普惠，真正走向和谐发展的巨大动力和最可靠保证；六是取用的成本最低却效益最高、见效最快且永久受益，最大限度地体现出绿色、低碳、智能、环保、可持续等一系列特点。

所以，纵观整个人类史，只有信息交流传播的大变革才对社会进步具有最大的推动作用。最先、最积极参与信息交流传播大变革的国家和地区，不仅社会的发展进步和文明的程度都高，在国家、地区间的竞争中也处于明显的优势地位，而且拥有的是压倒性的、居高临下的优势。这种优势也是不可逆转的！信息交流传播的变革是所有变革中最重要的增量改革，是最需要合作的变革，是最能促进和平的变革，是大多数人最受益的变革，是整体共赢的变革。人类史上其他所有的变革只可以"救一时之弊"，而唯有信息交流传播变革可以称为"千秋定论"，因为它是以最为先进的科学技术，为最大多数人最大利益服务，真正的以人为本，为民服务，实现人人为我，我为人人的理想境界。在展开所有变革之前，必须首先展开信息交流传播的变革。人类的信息交流传播史警示我们，必须要充分认识到只有人性中的信息精神才具备最大价值，一点也不能无人性地压制、扼杀人的思想自由，必须要努力培育自己珍贵的宽容品质，竭尽全力创造宽松包容的信息交流传播环境。更必须要重视先进信息工具的大力发展、普及和正确运用，否则，国家付出的代价将是最为巨大的。所以，新时空服务的理论和实践及其生态体系的应运而生，符合信息时代发展的大潮流、大趋势。

2.5.3　从工业化时代的"合"迈向信息化时代的"分"

从信息社会的观点来看，宇宙中的时空概念，实际上属于信息的范畴，时空是信息的主体骨架和灵魂要素。所以完全可以认为，宇宙是由物质、信息和能量组成，它们都处在运动变化之中。自有人类起的两万多年发展历史，真正的文明时代大体只有8000年，就是在人类创造语言，包括声音语言和肢体语言之后。期间，人类经历了几千年的农牧文明时代，几百年的工业文明时代，而进入信息文明时代刚刚数十年。信息是客观存在的，而信息的发现、挖掘、生产、消费、传承，只有到了信息文明时代才形成真正意义上的系统化、规模化发展。信息用口头语言口口相授、代代相传经历了漫长的历史阶段，由于中断、流失、失传和失误，因而经验和知识的有效积累相当地困难相当少。直到发明了符号和文字，发明了纸和笔与印刷术，才能更加有效地实现储存、积累和传播，但是在相当长的时期，教育只是一部分可以享受的特权，知识和文化的传播具有明显的局限性，大众化普及仅仅是个美好的愿望。到了20世纪中期，电子信息时代开启了数字化大门，才逐步从根本上解决了信息的获取和传播手段与方式，尤其是计算机和有线无线网络技术与应用的迅速发展，让这些"小众"和"高端"的技术产品和服务，迅速地走向大众，走向普及发展的崭新之路，产生了巨大的经济与社会效益。但是，这仅仅是刚刚开始。纵观历史上的文明发展之路，就像《三国演义》开宗明义第一句说的那样，"天下大势，分久必合，合久必分"。当时是农牧文明时代，由于资源过于分散，后来开始人口聚居，逐步形成城市，走向工业文明时代，这是一个"分久必合"的过程，历时数百年后的今天，或者说是后工业文明时代，进入信息文明新时代，工业时代过度集中、聚合带来的各种各样的负面效应，如人口膨胀、环境污染、能源短缺、交通拥堵、贫富悬殊、农业凋敝、安全治理等问题不断呈现和加剧，绝大多数的问题缘于资源过度集中，产生"城市病"，尤其是在中国特大城市，如北上广深等城市特别突出，如果不在总体上把握社会发展的大趋势，将会造成历史性的错误和无法挽回的巨大失误与被动局面。应该看到，信息社会与工业社会相比，恰恰是走向另一种相反的发展模式，由于交通的发达、通信的便捷、网络的普及，地球似乎变小了，所以被称为"地球村"，那种"鸡犬之声相闻，老死不相往来"的景象，已经成为神话，甚至有点"令人神往"。由此可见，信息社会带来的可能的新模式，就是"合久必分"的模式，许多城市，特别是那些特大城市，已经焦头烂额，"无药可救"，唯一的办法是"分而治之"。这也是信息时代的大势所趋。国际上，以美国为例，许多具有国际影响力的大公司，如苹果、谷歌、微软等，他们的总部基地大多数都是分布在中小城市，或者城镇上，这一切都是值得总结的发展规律，非常发人深省。

信息时代，信息化是实现"合久必分"的关键手段，信息化不仅仅会改变城市布局，也是颠覆工业时代基础的一种历史必然。信息时代和信息社会所带来的网络化进程，将彻底改变人类的生存、生产、生活方式，将形成崭新的信息感知、传输、服务为主要环节的时空服务生态体系，而人类也会在这种改变中感受到生存、生产和生活的日益幸福（我们姑且称之为"三生有幸"）。"三生有幸"理论阐述的是，生存、生产、生活方式的转变与"分与合"密切相关。工业社会的"合"，是资源、财富、知识、权力的集中，为少数人所有，所谓的"英雄时代"，形成权贵，形成特权阶层，因而出现许许多多不合理、不公平、非正义，造成种种社会弊端，甚至发展到国家和区域层面，造成强国弱国、富国穷国、进步与落后地区和地缘政治之间的纷争、矛盾、战乱……当信息社会发展到一定的稳定成熟阶段时，网络将成为人人可以享用，人人都不可或缺的资源平台，成为大众生存生产生活方式的一部分，每个人也都将成为镶嵌在网络上的一分子一节点。而网络化的分布式结构，和没有预先设置的门槛，免费使用的发展大趋势，正在且必将解决社会的信息不对称、供需不匹配、贫富不均衡、发展不持续等问题，从根本上保证人类生存生产生活的公平，保障人人能够利用网络提供服务或者享受服务，进入"人人为我，我为人人""各尽所能，各取所需"的理想境界，让绝大多数人真正找到和达到"心驰神往"的幸福境界。这就是"三生有幸"理论所强调的"分"的强大威力，以及"有幸"的真实含义。

2.5.4 新时空推进的是伟大的时代转变

这种伟大的时代转变是从工业文明的精英时代迈向信息文明的草根时代。在工业文明时代，资源的集中和聚合会树立起高不可攀的巅峰或英雄。许多科技创造发明，其中的绝大多数是由那些受到过良好教育的所谓精英们实现的，而且有的人物可以是集物理学家、天文学家、化学家等身份于一身的大家、杂家，他们在许多领域均有所成就，如俄罗斯的罗蒙诺索夫、欧洲的 Galileo 等，而信息时代许许多多发明创造往往来自于草根阶层，如乔布斯、盖茨、扎克伯格、马云等。由于大众投入了这种自发的创新创造运动，所以科技发展突飞猛进，而且成果的应用和传播力度与效率空前高涨，这是网络带来的优势，一夜暴富、一举成名、一鸣惊人的现象频频出现，不足为怪。现代信息传播技术，通过有线无线网络传递，和多种多样的平面媒体，将各种各样的音频、视频、文字、图片，源源不断地输送给社会，人们通过耳濡目染，知识增长异常地快速，文化生活享受异常地丰富，这是以前任何时代无法比拟的。网络提供的知识宝库，比世界上任何一个图书馆，都要大上成百上千倍，多上成千上万倍，而给每个人的形形色色和多种多样的选择机会在某种程度上说，又是公平和丰富多彩的；而且因为这是每个人自觉自愿的选择，是兴趣使然，因此效果出奇地明显，从而自发地培养出来数以千万、万万计的专家学者、能工巧匠、发明家、工程师、艺术家，以及各种各样的大师大家大腕。人人有份，个个不同。这真是一个"英雄"辈出的时代，打破万马齐喑的局面，不拘一格降人才，时势造英雄，英雄可以是草根，草根可以是英雄，排山倒海，势不可挡。我为人人，人人为我，人人是消费者，人人又是生产者，人人是分享者，人人又是创造者。这才是新时空服务时代的最大特点，也是新时空的最大贡献所在。这是全球化、个性化和网络化的神奇结晶。中央电视台的"星光大道"栏目，就是一个"造星"的大舞台，就是这种"英雄—草根"的良好实例。在十多年间，造就了一大批来自于老百姓、出身于草根的"明星"，这是任何音乐学院都望尘莫及的。实际上，这也是现代信息传播技术的伟大功绩，是信息时代的杰作，给许许多多人、许多爱好者群体提供了大展身手的舞台和场地。但是，相对于信息时代创造的汪洋大海一样的人民大众的创举而言，这仅仅是"沧海一粟"。

2.5.5 新时空以人为本，创建新社会形态

新的社会形态是"人人为我，我为人人""群策群力，群给群足"。新时空完整的提法是新时空信息服务体系，其核心关键是服务。中国社会发展的出发点和落脚点，就是为人民服务。信息社会发展的主要基点就是信息服务与消费，是利民便民惠民，是以人为本。在信息时代，社会发展的原则是最大公约数原理，就是以最为先进的科学技术为工具，为最大多数人最大利益服务。在信息社会逐步迈向高级阶段的时期，尤其是在智能化进程中，泛在化网络和智能化服务将提供更加均衡化的科学技术培训、文化知识教育，这使得人人都可能成为发明家、创新者、专家与学者、专业大师和工匠、教育者和被教育者，人人都是信息消费者的同时人人也都是信息生产者。信息的

极大丰富，有可能在信息领域首先实现人们长久以来一直期盼的"各尽所能，各取所需"的社会供需原则。只有通过群策群力的努力，才能满足大多数人的最大利益需求。这也是为什么"金砖国家"能够在未来的岁月里，可能全面超过现在发达国家的根据所在。未来属于具有无比创造力的人们，属于这些具有古老文明而又重新焕发青春的历久弥新的国家。在这样的社会中，我们有可能改写为人民服务的历史，不是仅有一部分先知先觉者作为先锋队去为他人服务，而是真正的实现人人为我、我为人人的相互服务，互相支撑，相互补充，这样的社会发展才能真正做到经久不衰，持久永续。

2.5.6 大小"金三角"理论的衍生和应用

所谓的大小"金三角"理论，是我们在新时空服务体系研究过程中，总结出来的具有普遍性意义的理论。将复杂多变的产品或者产业，均用三大要素加以表达，形成所谓的"金三角"理论。例如，一个导航仪产品，可以视为小"金三角"，分别为导航、通信和计算机模块的三要素组合；而一个信息产业链，可以视为大"金三角"，分别为传感网、通信网、服务网三大要素的复杂组合，而大"金三角"的每个要素又可能是由一个小"金三角"所组成。大小"金三角"理论，实际上是一种优先或者优选的理论规则，也可以作为在某些场合下优胜劣汰的基本原理。大小"金三角"理论也是一种方法论，可以帮助人们从纷繁复杂的矛盾漩涡中，迅速找到主要矛盾，和矛盾的主要方面，使得重大难题，能够迎刃而解。

在针对产业发展的研究中，利用大小"金三角"理论，我们提倡建设所谓"三合土"型的良性生态体系来保障产业的苗壮成长，即由三方面的关键要素聚合、整合、融合形成产业发展的良好条件。这"三合土"分别代表的，一是聚合用户、市场与使命广泛深入的需求；二是整合政府、行业与社会多种多样的资源；三是融合系统、技术与产业各显神通的能力。从当前产业发展环境和条件看，新时空服务体系的建立并不是由单一产业发展而来，应该说，至少涉及了当前四大新兴产业，即高端制造业、先进软件业、现代服务业和综合数据业，或说大数据业。这四大产业各有各的发展所需的"三合土"，而四大产业的共生与融合，将一同为新时空这一未来庞大产业带来其初期发展所必需的"三合土"。

2.5.7 卫星导航方法论

值得指出的是，卫星导航系统是时间和空间一体化融合应用的典范。首先，它最基础的依托是空间和时间参照系，缺少这两个，或者其中之一，卫星导航就成为一句空话。也就是说，时间与空间成为卫星导航系统赖以生存的两大支撑。同时，GNSS 现在采用的方法与原理，是时间三角学测量方法，也就是说卫星的距离测量，是利用测量时间的方法来实现的。这是因为如果测量到了无线电导航信号从卫星至导航接收机的传播时间，将其乘上无线电波的传播速度，就能够得到卫星与接收机之间的距离。这种时间与空间之间的转化达到天衣无缝的地步。此外，正如前面提到过的那样，卫星导航系统可以提供 PNT（定位、导航、授时）三大功能，使得时间和空间一体化融合应用达到了出神入化的境界。而卫星导航最为重要最为关键的高科技是其高精度的时间依托和提供，是其根本性的技术基础，这就是星载原子钟。原子钟把整个世界带进了原子时时代，与石英钟相比一下子将精度提高了若干个数量级，这是一种革命性的变革，但是只有卫星导航系统才将这种高精度时间享受带给了大众，带给了千家万户和亿万民众。而目前最高水平的光原子钟，已经达到 3 亿年才有一秒钟的累计误差，这是不可思议的高精度，使得时间成为所有计量单位中，精度最高的物理量，这是其他物理量所望尘莫及的。

总之，卫星导航方法论的要点有四：一是时空一体和天基网络的概念；二是高精度服务和大众化分享的真谛；三是科技协同创新和融合引领信息服务的核心力作用；四是快速便捷和简约极致，以及零边际成本社会的应用服务典范（杰里米·里夫金，2014）。

2.6 信息时代，科技是第一生产力

1968 年，20 世纪屈指可数的几大思想家之一尤尔根·哈贝马斯第一次明确提出"科学技术是第一生产力"的伟大论断。这是在众多学者们长期研究和经验积累的基础上，对科技力量对社会发展影响的精辟诠释。信息时代，科技的力量方才真正显示出英雄本色。科技历来是创造社会文明的积极力量，是所谓的正能量。农牧文明时代，科技带动生产力发展就有充分的体现，虽然体力是农牧时代社会生产发展的主要推动力，但是许许多多能工巧

匠层出不穷的科技创造力，不断引领着人类文明的进步，改变和提高了体力劳动的方式、效果和效率。时间进入工业文明时代，其最伟大的创造莫过于造就非人力基础上的机器，机械化、电气化带来了人类文明的一次重大飞跃。这是一个人才辈出的英雄时代，许多大科学家、大技术家、大艺术家、大文豪涌现出来，把社会生产力和人类文明推向一个前所未有的高度。20世纪中期，在经过两次世界大战的严酷洗礼之后，人类进入了又一次重大转折发展时期，进入了信息文明时代的朦胧期。科技的快速发展，把美苏两霸推上了冷战时代的霸主宝座，同样也正是科技实力的全球化竞争和政治的角力，把苏联拉下了宝座，出现世界多极化发展的可能。正在美国沾沾自喜的时候，两次重大事件让美国产生了逆转，也让世界产生了逆转。这就是发生在2001年的"9·11"事件，和发生在2010年前后的世界金融危机。盛极必衰，物极必反，工业文明时代正走向下坡路，而以科技发展为第一生产力的信息文明时代正在悄然到来。

信息时代，真正的科技发展动力直接来自于市场、来自于大众、来自于草根，并且发展效果还将直接回馈和反映到他们中去，用一种通俗的话来说，就是"从群众中来，到群众中去"。同时，网络时代，信息的共享与自由交互将真正推动人人平等，人人分享的大同世界的实现，从而人人都能够发挥其聪明才智，也可能人人都成为科学家、艺术家、发明家、能工巧匠、创新高手，人人可以对社会做贡献，共建共享科技成果和宝藏。这一切就是"科技是第一生产力"的最好诠释。信息时代找到了从科技走向市场和用户的最短或最佳路径，因为在信息时代两者能够获得最好的沟通互动。同时，科技也变得越来越大众化、平民化，越来越变得贴近"草根"，或者就是草根，草根成为最突出的标志，这是大趋势，是科技发展的原始出发点和最终落脚点，这种科技的本源回归应该成为国家发展战略和策略的核心思想基础。

国际上有个颇有名气的学者凯文·凯利，他在其著作《技术元素》和《科技想要什么》中深入探讨了信息时代，人类如何面对科技，甚至把科技作为第七生命加以尊重，因为在某种程度上说，科技是世间至强的力量。凯文·凯利认为，"科技生命向共生性的发展，推动我们去追逐一个古老的梦想：在最大限度发挥个人自主性的同时，使得集体的能力最大化"。他把网络看做情人，而作为"技术生命，准备操纵物质，重组它们的内部结构，为其注入感知力"。总之，科技想要拥抱生命，要进化、要秩序、要充满神奇与活力的未来。这种对于科技的敬畏心理，是值得提倡的。科技作为一种生命体，它所追求的是本能发展和外在需求的统一。人类和科技共同的整体思维是一致的，就是推动自然体和人造物的相互联系、融为一体，实现真善美的统一。因为，在信息时代，社会发展的基本力量，已经不是农牧文明时代的体力，和工业文明时代的机器力，而是智力。所谓智力，就是智能、智慧。人类社会的理想状态就是面对自然，和自己创造出来的人造物（或者科技生命），实现和谐共存，共同发展（凯文·凯利，2011）。

中国是世界文明古国之一，曾有过辉煌的科技兴盛时期，创造过人类历史上最著名的科技成就，但近代以来，尤其是随着信息时代的到来，中国在科学技术创新发展方面却落后很多。20世纪二三十年代才开始有了中国现代科学发展的第一个"黄金时代"，科学的知识得到普及，久被忽略的科学精神开始受到重视，那些有品质的学术活动，那些思想灿烂的时光，一时激荡人心。然而，这种势头很快因为日本的入侵而不幸夭折。之后是时间长达好几代人的全力以赴的战争和继续革命。1968年后，"文化大革命"中，中国科学院工作一度全面停顿。

20世纪80年代初，哈贝马斯的著作被翻译成中文出版，在中国学术界产生了不小的影响。而此时，人类第二次科技革命已基本结束，为了进一步夺取经济、科技发展的全球资源和"制高点"，西方许多国家已经在研究和制订新的科技发展计划，把发展"高科技"作为国家强盛的战略重点和关键措施。当时比较著名的有美国的"星球大战"计划、西欧的"尤里卡"计划、日本的"科技立国"计划等。苏联也推出了研究计划。人类的第四次科技革命徐徐拉开大幕。眼见世界高科技革命迅速发展的紧迫现实，1986年3月，中国著名的科学家王大珩、王淦昌、杨嘉墀、陈芳允四人联名直接向中央最高层提出了建议和设想：要全面追踪世界高技术的发展，制订中国高科技的发展计划。两天后，"文化大革命"后刚刚复出便主动请缨主抓科技教育的邓小平同志做出批示，"863计划"于是得以诞生。但直至1988年初，邓小平在一次会议上对"科学技术是第一生产力"的论断予以充分肯定后，宣传部门才开始大张旗鼓地进行宣传，到了1995年，中央更进一步把科教兴国上升为国家战略，中国全民大兴科教的时代真正到来了。

科技与文化密不可分，文化是科技发展的基础底蕴和最强劲动力，中国能为21世纪的世界做出的最大贡献，一定是中华文化，以及根植于中国文化的科技创造，这是中国人对中国传统文化及传统智慧应该有的认知。在世界所有民族中，只有中华民族的祖先在几千年中连续不断地为子孙后代留下了最为丰厚、博大精深的传统文化。在遥远的英国伦敦，1972年，英国历史学大师汤因比已经在与日本文化大师池田大作展开对话，这位曾经有点傲慢的汤因比大师代表欧美学术界宣言：要继续推动世界发展必须学习中华传统文明与犹太文明中的精华。此后，西方掀起一浪高过一浪的学习中华传统文化的热潮。2009年，清华大学再次兴办起国学研究院，开始对自成体系的中华传统文化这座大富矿进行小规模梳理、探采。此时，距梁启超等人开始振兴国学的时间已经过去百余年了！类似的认知代差还表现在对以下问题的整体认知：人口膨胀、土地不足与粮食危机、环境污染、全球史观、资源能源紧缺，以及经济学、政治学、管理学、社会学、金融竞争、文化竞争、话语权竞争、创新机制、工业化、知识（创意）经济、全球化等（史蒂文·约翰逊，2014）。实际上，中国与世界的最大差距是在科技领域，尤其是在基础理论和共性、关键、核心技术实践方面，而新时空服务体系理论的建立与实践可能成为突破口、制高点、"牛鼻子"、总抓手，这可以从以下四个层面加以理解：

2.6.1 新时空服务体系是面向四位一体的实践

中国新时空服务体系理论的基本内涵是四个"一体"，这就是时间空间一体、天基地基一体、室内室外一体和国计民生一体，它们是从北斗系统为发端，抽象出来的时间空间一体的理论概念，从泛在化观念引申出来其他三个一体。其中天地、内外更多的是着眼于技术层面，国计民生一体是整个四位一体的终极目标，服务于国家安全与经济发展、社会进步与民生幸福，而且用信息将它们串联起来，使得四个一体形成为"四位一体"的有机整体，成为一个生生不息的、相互协调和可持续发展的完整生态体系。

2.6.2 时空一体融合具备五大基本性质

时空一体在信息时代已经赋予新的含义，时空一体融合在现时代才真正完全体现出唯一性、实用性、工具性、泛在性和可预测性的五大性质，才能够从现实和虚拟两个层面上充分地表达世界的客观存在及其不同的运动与变化。由于时间技术的不断进步，时间作为计量单位中的一个，已经达到如今时代所有度量衡单位中的最高层级，目前世界上最好的原子时钟其精度业已达到每数十亿年，形成的误差仅为1秒钟。一般意义上的人、事、物的描述与表达，利用时空一体的概念均可以实现唯一性表述。时空一体的唯一性特性具有非常重大的理论与实践意义，也是新时空服务体系的存在基础。

时空一体的唯一性是其他三大性质的基础，是任何事件和世界万物可计量、可记录、可追溯、可复原、可预测的原则基础。在不断运动和变化的"四维"大千世界中，尤其是在当前以移动、信息、智能、网络为特色的社会中，具有实用价值的依托基础所在。唯一性是时空一体的工具性存在基础，只有时空流与人、事、物和信息流实现正确合理有序有效的组成、匹配、混搭、对接，才能体现信息的效能、效率、效果、效益。时空一体更是泛在性原理的根本基础，只有时空一体，才能做到无时不在、无处不在、无所不在，真正展示世界的复杂性、多样性、个性化特点，才能实现泛在服务，体现"人人为我、我为人人"的信息社会特点和"人人是生产者、人人又是消费者"的信息社会特色。只有在"四位一体"的体系化框架和生态体系指导下，才能将整个人类和社会带入具有可预测性的可持续发展的理想境界。

2.6.3　时空一体化理论促进新一代信息技术的集聚

时空一体化理论，是以时空技术和时空信息服务为主线，推动技术创新和信息应用与服务模式创新，推动北斗系统技术和其他信息系统技术，卫星导航产业和多种多样信息产业之间的相互融合，构成新时空服务生态体系，形成其科技研发、生产制造、系统集成、应用服务的产业链、价值链。实际上，由于时空一体的泛在性，很容易以时空信息为主线将多种多样、各式各样的信息技术系统与产业系统，进行有效整合。通过北斗系统这样的先进时间空间信息采集技术为核，实现天基的定位导航授时、通信、遥感等多种技术系统的集聚融合，同时通过时空服务为主线，实现天基地基、室内室外的感知、通信、服务系统技术的集聚融合，实现无线电、声学、光学、电学、磁学、机械学，以及数字化、网络化、智能化技术和地理信息系统等传统与新兴技术的集聚融合，从而形成以多源感知网、普适传输网、泛在服务网为主要环节的生态链，为信息时代的大融合、大进步、大发展、大繁荣奠定基础。

2.6.4　新时空理论的体系化实践是实现跨越发展的关键

中国已经具备向科技大国强国跨越发展的初步条件，面对信息时代全球科技竞争，迅速实践新时空理论是实现这一跨越发展的关键。而新时空理论的实践必须实施体系化推进策略，必须具备真正驾驭科技和产业发展大趋势、大策略、大行动的智慧和能力。没有体系化推进，而是遵循传统的按部就班，跨越发展便无从谈起。因此，建设所谓的"时空信息服务体系"，总体策略就是要体系化地从全方位多层次开展战略研究与规划，做好顶层设计与部署，推动产业建设与发展。具体指导思想就是以北斗系统为基本的信息基础设施，通过"时间空间一体、天基地基一体、室内室外一体、国计民生一体"的"四位一体"的思维概念开展创新实践，构建由泛在智能"时空科学理论"，与资源聚合和系统集成"技术创新实践"，和多源感知网、普适传输网、泛在服务网为主要组成的产业链与价值链，并与相关服务的体系化推进一起共同组成复杂的产业发展生态体系，为全民大众提供泛在普适的智能信息服务，从而成为中国大国崛起、强国奠基的重大科学技术支撑系统。

从具体实践的角度说，这种体系化推进需要涉及六大要素：卓越研究机构、领军学科群体、国家科技智库、创新人才高地、骨干企业集群、智能信息产业。利用这六大要素的聚合，通过四大创新将赢得四大制权，造就四大体系，这就是：通过理论创新，赢得制信息治理权，造就国家信息安全和社会诚信体系；通过技术创新，赢得制国际话语权，造就科技创新体系；通过产业创新，赢得制发展主动权，造就产业发展体系；通过体系化创新推进，赢得制标准知产权，全面推进"标准、专利、人才"战略和"政策、法规、金融"配套对策，将泛在智能信息服务的体系化成果推向全中国全世界。

总而言之，时空信息服务体系应当成为"创新驱动发展、融合引领跨越、共享彰显人本、服务为民圆梦"的国家重大标志性战略。通过其自成体系的发展，实现信息时代真正的跨越发展，从而在根本上摆脱国外的知识产权的壁垒和掣肘，能够全方位多层次地与国际强国和对手，在软实力和综合竞争力方面进行正面抗衡与交锋，进入从"消极被动、穷于应付"转为"积极进取、得心应手"的国家新型发展阶段，为实现中国梦鸣锣开道，奠基铺路。

第3章 新时空服务实践

3.1 GNSS 发展是新时空实践的起始里程碑

2007 年 4 月 14 日，中国发射第一个北斗二号导航卫星。2012 年底向全世界宣布北斗系统正式投入区域服务，标志着中国开始进入 GNSS 俱乐部。在美国（GPS）和俄罗斯（GLONASS）之后，成为能够提供常规化服务的第三个成员国，而且已经迈开了其全球化的步伐。

3.1.1 四大 GNSS 发展格局开启时空信息服务全新时代

1. 美国 GPS 开创了 GNSS 的先河

美国的 GPS 是 GNSS 中第一个投入全面工作的系统，而且是从 1995 年以来至今一直稳定运营的唯一系统。GPS 的广域增强系统（WAAS）也是同类系统中首个投入正式运营的。当 GPS 进入正常工作之后，1996 年美国便启动 GPS 现代化进程，大幅度提高系统的性能。作为现代化的第一步，在 2000 年 5 月 1 日中止了人为恶化民用定位精度的 SA（可用性选择），接着在卫星载荷系统、地面运控系统等方面采取积极举措，有效地提高了 GPS 的各项功能和性能指标，使应用范围迅速扩大，用户数量急剧增长，全球掀起了卫星导航系统建设和应用服务的浪潮。

2. 俄罗斯 GLONASS 加入竞争有利于民用产业发展

GLONASS 差不多是与 GPS 同时起步的，它的存在，并一直以 GPS 竞争者姿态出现，对 GNSS 民用政策的发展和应用推广具有极大的促进作用。虽然苏联的解体和相当长时间俄罗斯经济的不景气，给 GLONASS 的发展带来重大挫折，但在俄罗斯政府坚持恢复和大力推动其进一步发展的决心下，GLONASS 的现代化进程也取得了明显的进展，并终于在经过近十年的沉寂后，于 2011 年底又重新回归到完全工作状态，开始向全球提供服务。

3. 欧洲为什么一定要建设自己的 Galileo 系统

虽然美国一再表示，无保留地让欧洲使用 GPS 信号资源，但欧洲人出于政治、经济、科技和社会四大效益的考虑，敢冒美国的天下之大不韪，还是要坚持建立自己独立的 Galileo 系统，实际上这也是为了增强欧盟的凝聚力。Galileo 概念一出现，第一个成果是加快了美国 GPS 的 SA 政策中止的实施，同时也促进了 GPS Ⅲ 的发展进程。美国明确提出 GPS Ⅲ 应优于，至少不亚于国际上其他 GNSS。当然，除了政治考虑以外，Galileo 系统的经济、科技和社会效益也不能小瞧，卫星导航应用遍及国民经济各个领域，波及社会生活各个角落，会产生巨大的经济社会效益。而卫星导航系统是许多高科技的集成综合系统，是个科技制高点，所以所有大国都在这方面下功夫，这就是为什么 Galileo 系统虽然遇到重重困难，还是在不断克服各种障碍中继续前行的原因。

4. 中国一定要建设自己的 GNSS

中国作为一个发展中的大国，要对世界有所贡献，何况本身就拥有巨大的卫星导航潜在市场，加上某些发达国家时不时地采取点限制措施或来点威胁手段，明显有后顾之忧，所以要比欧洲有更多的理由建设自己的 GNSS。其坚持的建设原则是：技术先进保质量，独立自主保安全，开放兼容保市场，实用可靠保服务。

从当今发展大势而言，GNSS 是信息社会从数字化、网络化，走向智能化发展阶段不可或缺的至关重要的时空信息基础设施。卫星导航系统是所有顶尖的航天技术中与国计民生关系最为密切的技术系统，其建设和发展也是能够真正体现大国精神和时代发展责任的世界性大舞台。北斗系统的跨越梦和新时空信息的服务梦，实际上正是中国百年复兴梦的重要组成部分。中国的北斗系统跨越梦包含双重涵义：一是在卫星导航系统层面上赶超国际先进水平，实现科学技术产业上的全面跨越，进入全球前茅行列；二是在北斗系统基于时空信息服务理论基础上，打造时间空间一体、天基地基一体、室内室外一体、国计民生一体的泛在导航全新概念，营造具有中国特色的自成系统的服务全中国全人类的新时空信息服务体系，实现划时代式的跨越发展。这双重跨越的实现，分别需要为时 20 年至 50 年的努力拼搏，才能伴随中国梦将革命进行到底。而今后 10～20 年是其最为关键的发展奠基时期，成败与否取决于我们的发展战略思维和体系顶层设计思路。

5. 未来的卫星导航系统应该如何用好

在 2020 年前四大全球系统的格局已显轮廓，GPS 独大的局面一时难以打破；GNSS 的未来兼容和互操作在国际上已成共识，并逐步在转入行动和系统实施；民用领域的广泛国际合作已为热点，双边和多边合作正在积极开展；多国共建共用新一代的 GNSS 已露某些端倪。什么时间和什么环节才是 GNSS 合作共赢，甚至联合共建发展真正的突破口？实际上，卫星导航民用之路，是 GNSS 真正合作的基础。欧洲在建设 Galileo 系统之初，曾经试图把该系统建设成为完全的民用系统，后来又望而却步，最后就退缩回去了。事实上，真正决定任何系统成败的，在很大程度上是市场因素，而不是供应商自己，用户需求才是任何科技系统能够维持生存发展的奠基石。何况，像卫星导航这样的系统，长期维持的成本很高，建设多国合作的系统，应该说是个不错的选择。当然，真正的发展前景，一定不是现在这样的卫星导航系统，而是天地一体的系统，就是新时空服务体系所需要的系统，那绝不是一国之力可以建设运营的，需要更加深入广泛的国际合作。即使合作共建的方式一时行不通，但是也一定要把现成的 GNSS 进行综合应用系统再策划、再设计，以便更好地利用已有卫星信号资源，做更多的事情，实现效益最大化。

从现实情况和长远发展趋势来看，美国的 GPS、俄罗斯的 GLONASS、中国的北斗系统和欧洲的 Galileo，在 2020 年前后的竞争合作格局已经基本形成。从 2011 年底 GLONASS 投入完全营运和 2012 年底北斗系统正式投入区域运营服务，GNSS 已结束了 GPS 一统天下的局面，就连 Galileo 最近也在提速，准备在 2015～2017 年达到 24 颗卫星的额定数目，尽快投入正式营运。在中国和美国分别积极推进北斗全球系统和 GPS Ⅲ 计划同时，俄罗斯的 GLONASS 现代化和欧洲 Galileo 计划同样正在加速前进，分别计划在 2012～2020 年间投入 120 亿美元和 2014～2020 年间增加投入 91 亿美元，推进其系统和产业发展。目前，全球四大导航系统在轨工作卫星总数已经达到 70 余颗，利用 GNSS 兼容接收机进行定位能够达到比原先满意得多的结果。可以预见，到 2020 年四大系统全部进入正常工作时，加上其他星基增强系统和区域系统，天上将有 140 余颗导航工作卫星，且较好地实现了兼容互操作可互换，GNSS 提供的服务会更加实用、完善、可靠。

近些年来的国际经济危机，使得许多产业出现增长严重减少或者明显下滑趋势，唯有卫星导航产业产值仍然保持两位数增长，用户数量则出现

30％左右的年增长率。而且，随着 3G/4G 和 LTE 移动通信系统的部署，以及移动互联网和智能终端的快速发展，卫星导航产业明显进入高速发展的上升通道。以卫星导航这样的新兴技术为核心力，与移动通信、互联网结合逐步形成信息产业的"金三角"，正在逐步演变形成新兴的智能信息产业的主体，成为信息产业新的经济增长点。

卫星导航产业从全球的情况来看，从 2005 至 2010 年的，五年间，其产值都是以两位数的年增长率在快速发展。预计 2015 年，产业总产值将超过 2.42 万亿元人民币，终端年销售数量将超过 12 亿台，全球社会持有量约为 25 亿个。2020 年全球产值将达到约 3.28 万亿元人民币，年销售具有导航功能的终端数量超过 20 亿台。其后将进入相对成熟稳定的发展阶段，卫星导航功能到那个时候必将成为所有车辆，以及移动电话和其他便携式电子设备的标准配置。而从当前发展来看，今后的 10～20 年间导航服务首先必须进入室内，进入泛在服务的发展阶段，以时间和空间两大参量为核心的位置服务首先应成为移动互联网、物联网、云计算、大数据和智能城市建设的标准配置和关键要素。

3.1.2 全球卫星导航产业已迎来大变化、大转折、大发展时期

目前，包括北斗系统在内的 GNSS 及其产业正处在大变化、大转折、大发展时期，GNSS 多系统并存和与其他信息系统间的相互渗透、集成、融合已成为大趋势。目前和今后 10～20 年间全球卫星导航产业将经历前所未有的四大转变：从单一的 GPS 时代转变为真正实质性的多星座并存兼容的 GNSS 新时代，开创卫星导航体系全球化和增强多模化的新阶段；从以卫星导航为应用主体转变为 PNT（定位、导航、授时）与移动通信和因特网等信息载体融合的新时期，开创信息融合化和产业一体化，以及应用智能化的新阶段；从经销应用产品为主逐步转变为运营服务为主的新局面，开创应用大众化和服务产业化，以及信息服务智能化的新阶段；从室外导航转变为室内外无缝导航的新时空体系的新纪元，开创卫星导航为基石的多手段融合、天地一体化、服务泛在化和智能化的新阶段。四大趋势发展的直接结果是使应用领域扩大，应用规模跃升，大众化市场和产业化服务迅速形成，从根本上改变人们的生产生活方式和社会生存方式，影响极其广泛深远。顺应发展大趋势，美国的一系列 PNT（定位、导航、授时）能力设计创新行动，很具代表性。它在大力推进 GPS 现代化和 GPS Ⅲ 计划同时，又在开展面向

2025 年的国家 PNT 体系架构研究，并在推动其过渡演变计划，其关键重点是实现多种多样的技术与系统的集成融合，增强可维持性、可确保性、可替换性，实现真正的泛在服务。中国推进新时空信息服务体系的发展，也是顺应大趋势，从自身现实和长远利益出发的跨越式行动举措，旨在强化国家在战略层面、整体层面的理论创新、规划部署和务实行动，领先国际开创并迈向开放融合、创新跨越的伟大信息时代新的发展征程。

3.1.3 卫星导航产业发展正推动信息产业演进成革命性大转折

今后的数年内，卫星导航所提供的时空位置信息的基础功能，将进一步发扬光大，成为所有车辆、飞机、舰船、卫星的标准配置，成为移动电话和便携式设备的标准配置，成为所有智能电子信息终端的标准配置。并集社交网络、本地搜索、云计算和移动应用于一体，造就无所不在的位置服务大产业。能够把物联网、移动互联网、智能交通、数字社区和智慧城市等一系列重大题材串联在一起，成为集大成的新一代信息技术和智能信息产业的核心要素与共用基础，成为"大数据、智能化、无线革命"新时代的核心要素与共用基础。其应用服务将深入国民经济每个领域，深入社会生活每个角落，深入千家万户和亿万人群，从而改变人们的生存、生产、生活方式，促进信息产业现代化的革命性转折。

3.1.4 卫星导航强国业已进入泛在时空服务的领域和发展时期

围绕卫星导航系统，美国、欧洲和俄罗斯均已开展中长期规划。美国从 2006 年 5 月至 2007 年 8 月，就开展天基 PNT 的长期演变计划的研究，这就是规划至 2025 年的《国家 PNT 体系架构研究》。该项研究由 30 多个部门和机构的 200 余人参加，历时近一年半才完成，并且于 2008 年 9 月公布了其公开文本。2010 年又发布了该体系架构的实施计划。其体系架构的愿景是保持美国在全球 PNT 的领先地位，采用最大公约数战略，整体上由多谱系物理手段、可互换解决方案、PNT 与通信的融合，以及协调的组织机构等四大模块组成。其基本的出发点是以卫星导航（天基 PNT）为基石，实现技术和信息上的全方位、多层次组合与融合，提供泛在、可靠、完善的服务。此外，欧洲在建设 Galileo 的同时，从 2008 年开始的五年内投入 1.8 亿欧元，开展了 Galileo II 的策划研究。俄罗斯也业已规划准备在 2012～2020

年间投入巨资，实现 GLONASS 的全面现代化。

3.1.5 GPS 系统及其产业发展提供的启迪与借鉴

美国 GPS 系统及其产业发展是全方位的成功典范，GPS 十多年来成功运营的经验至少有四个方面可资其他国家借鉴，这就是：

1. 高瞻远瞩的战略规划

美国在 GPS 投入完全运营的翌年，即 1996 年，就开始 GPS 现代化计划和相继的 GPS Ⅲ 计划部署，这些工作将一直延续到 2020 年后。同时如前所说，在 2006 年就开始策划 GPS 的长远演变计划，即目标指向 2025 年的《国家 PNT 体系架构研究》，形成长达 20 年的战略规划。

2. 稳定透明的系统政策

美国 GPS 坚持稳定透明的军民两用政策，而且 20 多年如一日的不断完善改进。其导航战政策，将开放和保护阐述得泾渭分明，免收直接用户费，向全世界所有厂商开放接口控制文件（ICD）和民用信号结构，公开发布多种标准文件，承诺 GNSS 的兼容互操作，鼓励市场竞争，保护无线电导航频谱，推进全世界民用、商用、科学应用和服务产业的发展。作为 GPS 现代化的第一步，从 2000 年 5 月 1 日开始，终止人为恶化定位精度的可用性选择（SA）的功能举措，民用定位精度得到显著提高。为了进一步消除人们的疑虑，于 2010 年又公开宣布在 GPS Ⅲ 卫星上取消 SA 功能模块。而且在同一年发布的空间政策中正式表明，美国也将利用国外的 GNSS，以增强应用服务的弹性。

3. 不断改进的管理体制

在 GPS 建设和运营过程中，系统的管理体制机制根据实际需要不断地进行改进，是 GPS 一大成功经验。在建设之初，为了解决军兵种之间的系统主管之争，专门成立了"GPS 计划联合办公室"，确保了系统建设的顺利进行。在 GPS 投入正式运营阶段，国防部和运输部之间的军民用主管之争，闹得不可开交。于是在 1996 年成立了部际协调执行委员会，由国防部和运输部军民两个部门的副部级长官担任委员会的共同主席，保证了系统运营服务的正常开展。随着 GPS 应用的日益广泛深入和国际合作的不断扩展，

2004 年又专门成立了国家天基 PNT 执行委员会，进一步明确了各个部门和机构的权利与义务，并且将 GPS 明确为国家系统。该委员会直接归白宫管理，从而进一步理顺了部门间的关系，利于协调一致地开展工作。此外，还特别在面向未来的发展规划中明文规定，将管理改进作为重大举措。

4. 持续推进的技术进步

30 多年来，GPS 三大组成部分（空间段、运控段、用户段）的技术进步，均取得了令世人瞩目的成绩，确保系统能够长期持续稳定地运营服务。以空间段为例，GPS 卫星的 Block Ⅰ应该说是一组试验卫星，真正投入工作的星座是由 Block Ⅱ构成的，其间已经经历 Block ⅡA、ⅡR、ⅡR-M、ⅡF 四种型号改进，其后发展的将是 GPS ⅢA 和 GPS ⅢB 系列，许多功能都有重大改进和提高。仅以卫星的设计寿命而言，从最早的 7 年，已经提升到现在的 15 年。以运控段而言，也在不断地改进，目前其软件版本已经是更新多个版本，并且在推进新一代运营控制系统（OCX）。空间信号的用户测距精度目前已达到 0.8m，远比标准规定的 6m 提高很多。值得指出的是，GPS 空间段和运控段的技术进步主要依靠国家的力量，而用户段的技术进步主要依靠民间和企业的资源与力量。用户段的技术进步是显而易见的，仅以导航接收机来讲，在 10 年中导航芯片的集成度有数量级增长，价格却有两个数量级的降低，灵敏度和用户数量更达到三个数量级的提高，GPS 推动了卫星导航应用服务真正进入寻常百姓家，成为千千万万大众消费用户的车辆和智能移动终端的标配。

3.1.6 其他系统发展的经验和教训

除了美国 GPS，欧洲的 Galileo 在其系统设计方面的先进理念也是值得借鉴的。因为他们在 20 世纪 90 年代，差不多用了 10 年的时间进行研究，工作底子非常扎实，其 2011 和 2012 年相继发展的四颗工作卫星，一举成功实现独立定位，令世人瞩目。但是，Galileo 在组织管理和产业规划上却存在明显的败笔和错误决策，例如，系统建设试图通过公私合营方法开展，后因饱受挫折而不得不放弃。此外，GLONASS 应用严重不足的教训同样发人深省，虽然俄罗斯采取了一系列强制性措施，例如，进口不具备 GLONASS 功能的导航设备，课以高额关税，但是成效甚微。其不太成功的关键原因在于两点：一是系统本身性能和稳定性存在不足，GLONASS 从开始至今，已经发射 100 余个卫星，直到 2011 年底才实现由 24 个卫星组成星座的完全运营；二是 GLONASS 的开放程度严重不足。关于民用需要的相关文件和信息公开不足且更新迟缓，因此在产业化和应用方面严重缺乏群众基础。而这两点真真切切应该作为后来者的前车之鉴。

3.2　GNSS 概念的演变发展与历史进程

3.2.1　GNSS 的定义和系统构成

GNSS 是全球导航卫星系统的英文缩写，也是所有卫星导航系统的统称，包括目前的四大全球系统（分别是 GPS、GLONASS、Galileo 和 BDS）、两个区域系统（日本的 QZSS 和印度的 IRNSS），以及多个国家的广域增强系统（分别是 WAAS、EGNOS、SDCM、MSAS、GAGAN 和 NiSatCOM）。在 2020 年前后，GNSS 星座基本上就是四大系统的组合：其中美国 GPS 将全面推进其作为 GPS 现代化的重要组成部分的 GPS Ⅲ 计划，预计星座的卫星数将达到 24（也有称 30）颗中轨卫星；俄罗斯的 GLONASS 实施其 GLONASS 现代化的 K 星计划，在原有两个频带信号不变的基础上，增加 L1 上的 CDMA 制式信号，实现与 GPS 兼容互操作，从 2010 年开始发第一个包含 CDMA 制式信号的 GLONASS-K 星，最终达到 24 颗中轨卫星的额定工作状态；欧洲 Galileo 全球星座计划发射的卫星数量为 30 颗中轨卫星，在 2005 年与 2008 年发射的两颗试验卫星基础上，于 2011 年和 2012 年成功发射四个工作卫星，并且成功完成在轨试验，行将开始全球星座的部署；中国的北斗系统（BDS）也为 30 余颗卫星，它们包括中轨卫星 24 颗，静地卫星（GEO）和倾斜轨道（IGSO）卫星各 3 颗。从 2007 年发射第一个北斗二号卫星到 2012 年完成区域组网，已经正式开始提供亚太地区的服务，并且转入全球系统星座的试验和部署。

在建设部署全球系统的同时，美俄欧分别还建有各自星基增强系统，即 WAAS、SDCM 和 EGNOS，中国的星基增强系统由于已经包含在北斗系统的静地卫星中，所以没有另外独立星际增强系统的计划。此外，日本和印度正在各自建设自己的区域系统 QZSS、IRNSS 和 GPS 星基增强系统 MSAS、GAGAN。

3.2.2 GNSS 的来龙去脉

1. 第一代卫星导航系统——子午仪

1957 年 10 月 4 日苏联发射了人类史上第一颗人造地球卫星 Sputnik Ⅰ，远在美国的霍普斯金大学应用物理实验室的科学家和工程技术人员，在接收人造卫星信号时，发现频率出现偏移，研究结果是相对运动引起的多普勒频移效应，由于卫星相对于接收机的运动速度是在变化的，而且会因靠近和远离出现由正至负的变化。经此启发，该实验室的科技人员提出了卫星导航的概念。由于美国海军对于导航系统有重大需求，以便用于装载北极星导弹的新型潜艇，于是诞生了后来的子午仪（TRANSIT）导航卫星系统。该系统就是根据多普勒定位原理提出并实施的，从 1958 年系统概念形成，到 1961～1962 年实验卫星发射，最终在 1964 年系统开始运营工作，直到 GPS 正式投入工作后的 1996 年，子午仪才停止使用。子午仪系统由离地 1100km 高度的近圆极轨轨道上的 4～7 颗卫星组成。每颗卫星发射频率分别为 150MHz 和 400MHz 谐波相关的两个信号，信号的发射功率为 1W。通常，用户只能见到一颗卫星，每次卫星通过时能够持续接收信号的时间为 10～20 分钟，后续的卫星通过需要等上近百分钟。在一个卫星进入视野后，用户接收机可以连续接收信号的多普勒频移，和给定卫星星历的导航电文，并且通过计算确定所在位置，一般二维定位精度约为 25m（RMS）。子午仪系统比较适合用于海上船舶舰艇定位，以及大地测量的所谓绝对定位或者固定站定位。如果子午仪接收机连续数天在同一位置上跟踪并且记录多次卫星过境的测量结果，三维定位精度能够达到 5m。另一种是相对定位方法，接收两个点位之间的相对距离，在相距数万米两个点上，同样通过多次卫星过境测量，得到的三维定位精度可达 1m。子午仪开创了天基导航的发展新路。

2. GPS 是实现全球覆盖和连续实时定位的首个卫星导航系统

子午仪的成功开启了美国后续天基导航系统计划。在 20 世纪 60 年代后期，美国海军和空军有各自的开发计划，两者最后组合成 GPS。从子午仪概念被接受 10 多年后，关于空间飞行体的设计，并将其发射升空和在轨跟踪与维护的技术日趋成熟。为了重新说明 GPS 设计者的考虑，这里引入部分系统总体架构的相关思路，并介绍某些顶层设计的概念。

（1）有源或无源系统

有源或无源系统：用户利用无源系统广播信号确定其位置，只需要简单的"收听"信号。而有源系统则是与每个用户进行互动实现定位（类似于用户询问应答系统）。有源系统能控制一批固定的、数量有限的并行用户；无源用户可以为数量无限的用户服务，军事用户往往利用无源系统而非有源系统，一般是不想因为发射信号暴露位置。

（2）定位方法

定位方法：多普勒、双曲线或三角学测量法。1970年，时钟技术改进到时间同步信号可以用卫星发射的阶段，三角学测量法是个合乎逻辑的选择。因此，GPS又被描述为一种无源测距系统。

（3）脉冲与连续波（CW）信号

脉冲与连续波（CW）信号：脉冲信号用于时间传递和协调，每颗卫星均有独立的传输时间。扩频信号允许在一个无线频率上同时传递多种信号。GPS是第一个广泛应用这种信号概念，称为码分多址（CDMA）。

（4）载频

载频：L频段（1~2GHz）是卫星导航系统载波频率的最佳选择。GPS需要20MHz的频谱，在20世纪70年代早期，L频段相对不拥挤。如果利用较高的频段作为载频，电离层折射引起的测距误差会减少，但空间损耗（即由于传播距离造成信号功率的衰减和大气衰减）将增加。

（5）卫星星座和轨道

卫星星座和轨道：绕行地球的卫星系统能够很方便地实现全球覆盖，而每个地面的用户只需要在视野内接收到四颗或更多的卫星发出的信号，就能确定其位置。而卫星星座建设的经济性很大程度上要取决于轨道的设计选择、卫星数量，以及发射与维护成本。

1）低地球轨道（LEO）

高度低于2000km的低轨卫星每次过境只有10~20min，接收机经常会捕获新的卫星。多普勒变率高，由于大气拖曳效应引起的轨道摄动也高。提供全球导航覆盖要求星座有100~200颗卫星。另一方面，发射费用较低，卫星要低功率发射。

2）中地球轨道（MEO）

高度在 5000～20000km，每天轨道圈数为 2～4 圈，每次过境通常见到卫星为若干小时，发射费用高于 LEO，但组成星座的卫星数量要少（为24～36 颗）。

3）静地轨道（GEO）

卫星位于赤道上空 36000km 轨道上，对于地球上的观测者而言，似乎是固定不动的。用数量较少的卫星即可实现全球覆盖。另一方面，GEO 星对高纬度覆盖能力要差，具有较高的发射费用。

面对以上考虑，GPS 选择采用 24 颗中轨道卫星建立星座的方案。美国国防部在 1973 年批准了其总体基本结构，1978 年发射了第一颗卫星。系统在 1995 年宣布投入运行，据报道，GPS 开发费用约为 100 亿美元，每年的运行和维护费约为 5 亿美元。应该指出，GPS 的全名为 Global Positioning System。NAVSTAR 有时可表示为"时间和测距的导航系统"（navigation system with time and ranging）的简写。虽然很有点巧合，但美国国防部（DOD）却不是刻意地简写为 NAV-STAR（导航星）。

在 20 世纪后期，有四种关键技术是可以视为引人入胜的开发，它们将古老的三角测量学概念转入了 GPS，它们是：轨道可预测的稳定的空间平台；超稳定时钟；扩频信号；集成电路。

卫星定位的基本原理就是三角测量法，确定未知点的位置要求至少知道其到三个位置参照点（已知其位置的点）的距离。在 GPS 中，位置参照点是卫星，卫星实际上是以 4km/s 左右的速度在空中运动。由于卫星沿轨道运行以及利用地面测量技术，在任何一个瞬间卫星的位置是可以估算的，且提前 24～48h 的位置预报误差不大于几米。而用户与卫星间的距离则是测量从卫星至用户的信号传输时间来得到的。传输时间会在信号上留下印记，它近乎完美地与星载原子钟同步。通过传输和接收扩频信号，对到达的时间进行精密测量也是完全可能的。这些技术的组合应用在接收机上要集成一体看似十分复杂，但最令人叹为观止的现代微电子技术（大规模集成电路），使接收机变得轻巧简便，且价格便宜，从而适用于普通大众的应用。

显然，为了真正测量从卫星到接收机的传输时间，卫星钟和接收机钟必须保持同步。所幸的是，这种费力的要求是可以容易回避的，只要在接收机中应用一个价格不贵的石英振荡器。在测量瞬刻的接收机钟偏对于所有观测到的卫星的传输时间都是一样的，对应的测量距离，无论有多短，还是多长，都称为伪距。在伪距的计算方程式中，除了位置坐标的 X、Y、Z 三个量之外，接收机钟偏差成为待估算的第四个未知数。因此，接收机至少要获知四颗卫星的位置才能估算其使用者的四维位置，即用户空间位置的三维坐标，加上时间。

3. GNSS 是个多系统构成的集合，所谓的系统之系统

GPS 是新一代导航卫星系统中第一个投入运行的。类似的系统和星基增强系统由政府、国际组织和商贸公司团体在进行开发与部署，其通用名称为全球导航卫星系统，即 GNSS。确切地说，GNSS 就是所有现有的和将有的卫星导航系统的总称，其中包括全球系统、区域系统和增强系统（曹冲等，2011）。

20 世纪 70 年代，在 GPS 开发的同时，苏联也在开发类似的系统，叫做 GLONASS，苏联解体后转而由俄罗斯联邦负责其进一步的工作。GLONASS 如同 GPS 一样，主要是为军用设计的，其信号的一个子集提供给民用。当 1996 年 GLONASS 建成 24 颗原型卫星的完全星座时，民用用户群对能有两个独立的系统可供应用而激动不已。不幸的是，这种情况未持续多久，GLONASS 这个颇具声望的系统在政治和经济气候下因缺乏资源，成为献身于 GLONASS 的一些苏联骨干精英们支撑下的空架子。20 世纪 90 年代中期，GPS＋GLONASS 组合型接收机见诸市场，但用户群体和接收机生产商对 GLONASS 始终存在担忧，在 2000 年至 2005 年期间，俄罗斯的管理只是每年发射一次，每次安置三颗新卫星入轨。但在 2005 年，GLONASS 的观测者开始表现出新的乐观情绪，因为他们发现它在悄然复苏，俄罗斯在 2008 年底将 GLONASS 恢复到了 18 颗工作卫星，并在 2011 年年底复原到 24 颗的全星座工作状态。

现在正在开发中的另一个有希望的 GNSS 是欧洲的 Galileo 系统，其规划建设的最初思想是"开放，全球系统，与 GPS 兼容，但又是独立于 GPS"。在成员国之间数年激烈讨论和认真争辩之后，欧盟（EU）终于在 2002 年打开了继续进行系统研发的绿灯。欧盟的这一行动有两个迫切的理由：第一，考虑到主权和安全的需要，欧洲必须控制其关乎安全的系统，而欧盟没有对 GPS 的控制权；第二，这一步骤有助于欧盟国家在全球范围内成为与卫星导航有关的技术和商业的一个重要角色。正如预料的那样，美国主要兴趣是保持其 GPS 的领先优势，不热衷于竞争的概念，因此 GPS 与 Galileo 逐渐从最初欧盟与美国的激烈交锋中走出，似乎已言归于好了。

Galileo 构思为在民用控制下的公私联合伙伴关系，由欧洲委员会（EC）、欧空局（ESA）和产业共同出资并管理。系统的开发与部署估计费用为 32 亿欧元。产业界对计划早期阶段的承担基金的行动很缓慢，所以欧洲委员会和欧空局在 2002 年系统开发阶段之前负担了 11 亿欧元。部署阶段在 2006 年开始，原先预计系统可能在 2008 年投入运行，现在看来到 2016~2018 年更为现实。

Galileo 是第二代 GNSS，循着 GPS 的发展轨迹，从 20 世纪 70 年代中期 GPS 设计以来的技术进步，使其获益匪浅。当然，GPS 也并非在守株待兔，正在推进其 GPS 现代化和 GPS Ⅲ 计划。Galileo 和 GPS 均同意必须实现兼容和互操作。

十多年前，中国开发和建设了称为"北斗一号"的区域卫星导航试验系统，在 2000 年后期发射了两颗 GEO 卫星，另一颗卫星是 2003 年 5 月，通过这两颗卫星利用有源定位方式在整个中国和邻近区域能够提供定位能力。北斗试验系统与 GPS，GLONASS 和 Galileo 不一样，属于有源系统，用户与卫星间是双向互动的，需要通过任务控制中心确定位置估算，并发给每个用户，系统的定位精度为 20m。从 2005 年开始，中国启动了全新的北斗系统建设，该系统为无源导航定位系统，类似于 GPS，但是仍然在静地轨道卫星上保留了双向卫星短报文功能。北斗卫星星座为混合星座，目前建设形成的区域系统是由 5 颗、4 颗和 4 颗中轨道卫星构成的。从 2007 年发射第一个，至 2012 年底正式宣布投入区域服务，实际发射了 16 颗卫星，在轨工作卫星为 14 颗，其中 5 颗为赤道地球静止轨道卫星（GEO）、5 颗为倾斜轨道卫星（IGSO），另外 4 颗为中轨道卫星（MEO）。目前已进入北斗系统的建设工作阶段，目标是在 2020 年实现北斗系统的全球服务。

日本政府与产业社团结合正在开发建立准天顶卫星系统（QZSS），它是个区域系统，从大椭圆轨道卫星向整个日本发射测距信号，并发射 GPS 和其他 GNSS 卫星的差分信号。第一颗卫星在 2008 年发射，目前已发射三颗卫星。全系统的开发部署和维护费用预测达 1700 亿日元（15.7 亿美元）。

3.2.3　卫星导航系统的组成及其进步

1. 卫星导航系统的"老三段"和"新四段"

按照传统的习惯说法，卫星导航系统由三大部分组成，就是所谓的"老三段"，即空间段、地面段和用户段组成。而按照与时俱进的观点来讲，应该说是由四大部分组成，即所谓的"新四段"，除上述的空间段、地面段和用户段外，还应包括环境段。环境段包含从卫星至用户接收机所在环境空间的所有影响，其中包含电离层、对流层、多径效应和电磁环境对卫星信号形成的干扰。

环境段被列入卫星导航系统的主要组成部分，是由于其不可或缺和日益明显的重要性确定的。其存在的主要理由是：

（1）GNSS的双频或者三频体制其实隐含着环境段的概念

GNSS采用双频和多频体制，就是为了有效地消除电离层的误差影响，提高测量精度，这是隐含环境段概念的明证。

（2）历来环境段因为是"软件"受到一定程度的轻视

相对于空间段、地面段和用户段这些卫星导航系统的"硬件"，环境段属于"软件"，因此往往得不到重视。其实，环境段是卫星导航系统一个挥之不去的"心魔"，系统设计和其他各个段的研发、运营、应用和服务都不能对"环境段"置之不理，要认真对待才是。

（3）环境段地位与日俱增

随着卫星导航技术的日益进步和应用服务的广泛深入，环境段问题的矛盾日益突出，其重要地位日益显现，不仅精度要求日益提高，环境段特别是电离层闪烁与电磁环境干扰，对卫星信号的完好性与可靠性的影响程度，已受到人们的高度重视。当前，国际上对环境段的研究日益深入，室内外定位导航又进一步提出了一系列的环境段研究课题，多径效应和电磁兼容更是首当其冲。近年来，已经有国家，如美国开始立法，严厉禁止对于GPS的干扰，明确规定：凡是研发、制造、销售、购买、使用GPS干扰仪者，均为犯法。

（4）当前是"环境段"回归的名正言顺的发展阶段

在Galileo系统的发展过程中，已经有人将环境段列入卫星导航系统重要组成部分之一，但没有形成正式文件。然而，欧空局还是专门成立了一个电离层专家咨询委员会来帮助做环境段的相关工作。实际上，环境段现在已不只是作为一个给卫星导航系统带来麻烦的问题提到议事日程上来，它已经成为给卫星导航应用服务带来好处，带来经济和社会效益的福音。环境段的"变废为宝"的神奇功能使它在 GPS 气象学、无线电波传播和地球物理观测研究，以及海面、地面和大气与相关目标的无源探测等一系列领域得到了重要应用。

2. 空间段

卫星导航系统的空间段，主要包括卫星星座布设和卫星及其载荷等。以 GPS 为例，其额定星座为 24 颗卫星，分布在 6 个中高度近圆轨道面内，轨道半径 26560km，与赤道平面的倾角为 55°，轨道周期约为 12h，地面轨迹几乎固定不变。每个轨道面内 4 颗卫星的星位分别是不均匀的。GPS 系统可支持在轨卫星达到 30 颗的星座。对于 GLONASS 和 Galileo 系统，它们均采用 3 个中高度近圆轨道面的星座方案，分别为 24 颗和 30 颗卫星，平均分配且均匀分布在轨道面内。GLONASS 卫星的轨道半径为 25475km，轨道倾角 64.8°，轨道周期为 11h 15min，地面轨迹每隔 8 天重复一次。Galileo 系统的卫星轨道半径为 29994km，倾角 56°，轨道周期 14h 4min，地面轨迹每 10 天重复一次。北斗系统的星座是个复合轨道类型的星座，具有静止轨道（GEO）、倾斜地球同步轨道（IGSO）和中高度近圆轨道（MEO）这三种轨道。

从历史角度上来看，GPS 的空间段经历了三个发展阶段。GPS 空间段发展的第一阶段建设主要是发射若干型号的卫星，进行系统的测试和配置，提供相应的运营服务。从而确立了 GPS 基本运行架构，合理的星座布局保证 GPS 的覆盖面达到整个地球的范围。第二阶段就是现在所说的现代化阶段，更为先进的 GPS 卫星，其使用寿命更长，信号频率也有所增加，具备更优良的抗干扰性能。与此同时，GPS 现代化进一步确立了其在全球的领先地位。未来的 GPS Ⅲ 时代是其发展的第三阶段，虽然还处于设计和试验阶段，但是更高级的卫星性能在精度、可靠性、安全性和完好性方面都会有显著提高，并且能在最大程度上满足军事、民用的双重需求。预计 GPS Ⅲ 将于 2025 年前正式投入全面使用。

（1）GPS 空间卫星的前期历史

1978 年第一颗 GPS 卫星——"Navstar"在加利福尼亚州的范登堡空军基地发射升空，宣布 GPS 空间段的启动。

在 1978 年到 1985 年间，范登堡空军基地共发射了 11 颗 GPS Block Ⅰ

卫星，每颗 Block Ⅰ 卫星重 845kg。在这些卫星的发射过程中，仅在 1981 年出现过一次助推器失败，其余的发射都圆满完成。GPS Block Ⅰ 卫星在 GPS 投入完全工作时已经全部退役，当初的卫星设计寿命仅为 4.5 年，但是它们的服役期限通常都达到了 10 年，最早用来进行系统测试的卫星有的正常地服役达 13 年之久。

继 Block Ⅰ 卫星之后，GPS 第一阶段发射的卫星型号还有：Block Ⅱ、Block Ⅱ A 和 Block Ⅱ R 系列。Block Ⅱ 卫星星座与 Block Ⅰ 卫星稍有不同，Block Ⅱ 卫星的轨道倾角则定为 55°，而 Block Ⅰ 卫星的轨道倾角是 63°。除此之外，Block Ⅰ 卫星的信号对民用尚未启用可用性选择（SA）举措，而 Block Ⅱ 卫星上新增加了民用信号受限的 SA 技术，仅对军用和授权用户可用性不加限制。Block Ⅱ 卫星的设计使用寿命为 7.5 年，但个别卫星的服役年限超过了 10 年。Block Ⅱ A 卫星与 Block Ⅱ 卫星相比，除了 Block Ⅱ A 卫星具有星间通信功能外，它们之间没有本质区别；Block Ⅱ R 卫星与 Block Ⅱ A 卫星的功能也大致相当。

Block Ⅰ 卫星、Block Ⅱ 卫星、Block Ⅱ A 卫星和 Block Ⅱ R 卫星都广播相同频率的信号：L1 信号和 L2 信号。

GPS 采用 L1 和 L2 这两个频率的信号主要依据两方面的因素：一方面，L1 信号和 L2 信号之间载波相位的线性相关组合对去除电离层效应十分有效；另一方面，较大的频率差对计算电离层的改正非常有利。GPS 系统使用了两种截然不同的 CDMA 编码技术：粗捕获（C/A）码和精（P）码。C/A 码码长为 1023 个码片，码频率为 1.023MHz，而 P 码的码频率为 10.23MHz。C/A 码是完全公开的，目前民用 GPS 接收机使用的就是 C/A 码，而 P 码是经过加密的，只对拥有正确解密密钥的军用或者授权用户才可以接收使用。

GPS 空间段的初期主要以建设 GPS 卫星星座为主，采用了两个卫星信号（L1 和 L2），通过 C/A 码和 P 码的广播实现 PNT（定位、导航、授时）的服务。在这一阶段期间，美国一共发射了 52 颗卫星，这些卫星主要是进行系统测试和天基架构配置，其特点是设计寿命较短，定位精度不高，只能实现基本的标准服务。

（2）GPS 空间卫星的现代化

由于 GPS 空间段第一阶段的卫星设计寿命较短，平均任务时间较长，美国很快就开始了 GPS 空间段第二阶段的建设，也就是 GPS 空间段现代化。

GPS 空间段现代化始于 2005 年第一颗 Block ⅡR-M 卫星的发射,其卫星型号包括 Block ⅡR-M("R"代表补给或者替代,"M"表示现代化)和 Block ⅡF("F"表示后续)。第一颗 Block ⅡR-M 卫星于 2005 年 9 月 25 日发射成功,到了 2009 年 8 月 17 日,这一系列卫星总共发射了 8 颗,每颗卫星重 2000kg,共耗资 7500 万美元,它们的设计使用寿命为 10 年,较前期的卫星有了很大的提高。Block ⅡR-M 卫星的代表特征是在 L2 载波上出现了新的民用 L2C 码,以及 L1 及 L2 信号上新的军用 M 码,其中 L2C 码主要用于改正电离层的效应。带有 L2C 码和 M 码的卫星在 2014 年进入初步运行状态,在 2015 年将达到全方位运行。

L2C 码指的是 L2 信号上的民用码,是第二个民用信号,由 C/A、L2CM(L2 上的中等长度码,有 10230 个码片,长度为 20ms)和 L2CL(L2 上的长码,有 767250 个码片,长度为 1.5s)组合构成。M 码为军用码,是加密信号,包括 L1M 和 L2M,仅限于军方和授权用户使用。它们具有高抗干扰的能力,增强的导航性能,新的密码算法所带来的较强安全性,及较高发射功率的可能性。M 码与 P(Y)码相比,改进了密码的算法并提高了直接捕获的可能性。

第一颗 Block ⅡF 卫星于 2010 年发射升空,计划总共发射 12 颗,每颗卫星重量超过 2000kg,设计寿命为 15 年。它是 Block ⅡR-M 卫星的下一代卫星,与上一代相比,它的显著变化是加入了第三种民用信号 L5C,以及两个军用 M 码信号。L5C 民用信号是为了满足生命安全应用的需求而专门设计的,它由 L5I 和 L5Q 组合构成。除此之外,Block ⅡF 卫星还配置了多种改进的星载设备,如惯性导航系统等。

研究 GPS 的空间段现代化就不得不提到选择可用性(SA)政策的取消。SA 政策即美国政府有意地在空间段里面对公众发布的导航信号中引入高达 100m 的随机误差,这项政策初期是为了阻止敌方使用民用 GPS 接收机进行精密武器的制导。2000 年 5 月 1 日,由克林顿总统颁布的总统令,决定取消 SA 政策,从此 GPS 民用用户不再受到 SA 政策的影响干扰,定位精度提高到了 10m 级。2007 年 9 月 19 日,美国国防部(DoD)宣布未来的 GPS Ⅲ卫星不具备实施 SA 政策的条件,这意味着 SA 政策将永远成为历史。从而 GPS 空间段正式向民用开放,为 GPS Ⅲ的后时代建设奠定了基础。

(3)未来 GPS 空间段及 GPS Ⅲ卫星的后时代

GPS 现代化阶段与之前的第一阶段 GPS 卫星结构基本上保持了一致,

与原先的 Block Ⅰ 和 Block Ⅱ 卫星星座的差别主要是卫星信号的增加。然而，由于 GPS Block ⅡR-M 和 Block ⅡF 卫星的设计使用寿命为 10 年和 15 年，而且民用和军事上的需求也不断地增加，美国国会于 2000 年通过了 GPS 空间段下一代的建设计划，也就是 GPS Ⅲ 时代的确立。

鉴于在现在结构设计上的改进效果有限，GPS Ⅲ 空间段是一个全新的尝试。其 Block Ⅲ 卫星在保持了原有功能特点的前提下，增加了抗干扰功率，增强了安全性，提高了精度，确保导航的担保性及后向兼容性等改进。另外，GPS Ⅲ 还引入第四个民用信号——L1C，其含义表明是在 L1 上的码信号。2004 年，美国和欧洲达成了 GNSS 合作协议，同意将 BOC（1，1）作为 GPS L1C 和 Galileo E1 公开服务信号的兼容互操作基础。

GPS Ⅲ 的 Block Ⅲ 卫星星座还处于试验测试阶段，达到完全工作能力则可能要到 2025 年。根据设计要求，Block Ⅲ 卫星共包括 36 颗卫星，分布在现有的 6 个轨道面上。卫星发射工程分为三期完成，卫星型号分别为：Block ⅢA、Block ⅢB 和 Block ⅢC。其中 Block ⅢA 包括 12 颗卫星，Block ⅢB 含有 8 颗卫星，而剩下的 16 颗卫星属于 Block ⅢC 系列。抗干扰能力、改进的系统安全性、精度、可靠性是 GPS Ⅲ 卫星不同于现在 GPS 星座的特点。具体的空间段功能特点如下：

1）更高的精度

亚米级定位精度，1～2ns 的授时精度。

2）更高的完好性

单颗卫星和整个星座都拥有高度自监控能力，及更安全的地空和空空链接。

3）更高的可用性和连续性

全新的星座结构、卫星数量及其分布、卫星的更换策略和交互连接结构保证了 GPS 的可用性和连续性。

4）更可靠的军事用途

由于 Block Ⅲ 卫星采用了较高功率的 M 码信号，大幅度提高了抗相互干扰的能力。卫星在直径几百千米范围内以高出标称值 20dB 功率以定向点束广播 M 码信号。

3. 地面段（或称为运控段）

卫星导航的地面控制段主要任务是，提供系统空间段的指令、控制和维护服务，以完成 PNT（定位、导航、授时）的使命。主控站是整个系统运行的核心和枢纽，形成各种各样的指令和控制程序，保障整个系统的协调运营。监测站网络是系统分布在各个区域的神经网络，可以实地实时感知星座中卫星的状态和变化，并将数据及时传回主控站。地面天线和上行注入站是卫星星座和地面控制系统间链接的桥梁和纽带，是系统赖以生存的信息大动脉，通过它向卫星发送各种各样的控制指令和更新数据。

（1）GPS 和 Galileo 运控段的现状

GPS 地面运行控制段由美国军方负责管理，最初拥有了一个主控站（科罗拉多斯普林斯施里弗空军基地）、一个备份主控站（科罗拉多）和五个专门监控站（位于夏威夷、阿松森岛、迪戈加西亚岛、瓜加林岛和卡纳维拉尔角）。2005 年 9 月，6 个全球性的国家地理空间监测站（NGA）也投入使用，分别位于英格兰、阿根廷、厄瓜多尔、巴林岛、澳大利亚和华盛顿。目前，可以确保天上每颗卫星至少同时被两个监测站进行监测，保证了轨道的精确度和星历的计算能力。对于用户段来说，运控段的改造使得广大用户群拥有更高的定位精度。未来几年中，GPS 还将在监测网络中再增加 5 个 NGA 监测站，每颗卫星至少同时被 3 个监测站监测，从而保证整个卫星和系统的完好性监测水平。

GPS 监测站好比是一个大型的 GPS 接收机系统，它能够监测所有可能跟踪到的卫星，收集卫星信号传递的数据。然后把收集到的原始数据发送到位于施里弗空军基地的主控站中，进行数据处理。主控站不间断地对来自各个监测站的数据进行实时分析，解析卫星轨道和时钟的信息，尽可能快地检测或排除卫星可能出现，或者发生的故障。

此外，主控站的另一个职能是发布改正数据。通过解析原始数据，主控站计算得到新的星历数据，以每天 1 到 2 次的频率向卫星进行数据输入。新的星历数据和其他指令通过位于阿松森岛、迪戈加西亚岛和瓜加林岛的上行天线站（同时也是监测站），以 S 波段信号的形式传输到卫星上，校正卫星钟差及卫星轨道的误差。然而现代化 GPS 星座中的 Block ⅡR 卫星具有卫星间交换数据的能力，能够自动纠正轨道数据，因此不需要地面监测站如此频繁的通信，通信周期最长可达 180 天。

Galileo 系统的控制段组成类似于美国的 GPS，它由 4 个主控制站（MCC）、34 个完好性监测站、5 个地球导航站和其他相关设备组成。完好性监测站实时监测卫星数据，并且通过通信网络把数据传送到主控制站中。主控制站进行数据分析和计算，同时发布新的星历和轨道信息，通过任务上传站（ULS）把改正信息上传到卫星上。另外，主控制站把卫星数据通过地球导航站为用户段提供定位和导航服务。

从职能上看，整个控制段由两个控制中心组成，它们分别为地面控制段（GCS）和地面任务段（GMS）。GCS的任务是对航天飞行器进行控制、检测和维护星座可能发生的故障。它通过5个TT&C（跟踪、遥测及命令）站定期地与每颗卫星进行通信。GMS的任务是负责导航系统中出现的控制问题。30个Galileo传感站（即完好性监测站）组成了一个全球性的监测网络，对所有卫星的信号进行连续监测，再通过通信卫星或者电缆进行地面数据传送。最后，GMS通过5个任务上传站与Galileo卫星进行通信，上传相应的改正信息。

（2）GPS现代化运控段（OCX）

传统的GPS控制段主要对GPS的L1频率上的C/A码和P码，以及L2频率上的P码卫星信号进行处理和控制，但是即将来到的现代化GPS（GPSⅢ）在保持原有的信号之外，还增加了L1C、L2C、L5和M码信号。这种更先进的卫星星座在卫星之间就可以进行完好性的监测，减轻了地面监测站的工作量，因此需要一种新的GPSOCX来运行控制GPSⅢ卫星星座。受美国政府的委托，由美国空军牵头，于2007年开始进行OCX的开发建设。

新型GPSⅢ卫星星座的主要目的，除了提供PNT服务之外，还包含遇险报警卫星系统（DASS）和其他相关系统。其功能至少包括以下5个方面：在遮蔽环境条件下提供军事上的高精度可用性；提高时间传递的准确性；提高民用定位精度；提供更好的系统完好性、向后兼容性和可用性；提高卫星信号与Galileo系统及其他全球系统的互操作性。

为了满足GPSⅢ的发展和需求，和传统的控制段相比，建设中的OCX在硬件设备上补充了以下几个部分：PNT体系结构发展计划（AEP）规定的运行控制段（OCS）、早期轨道异常和处理功能（LADO）、GPS系统模拟器（GSS）、PNT体系结构发展计划（AEP）中规定的交替主控制站（AMCS）和一个综合任务实施支持中心（IMOSC）。在初期阶段，OCX主要侧重于对GPS系统现代化信号（L2、L5和M码）的控制，并且发射新的空间段卫星，即GPSⅢA卫星。同时OCX继续对GPSⅡR卫星、ⅡR-M卫星、ⅡF卫星和GPSⅢ卫星提供传统控制段的支持，同时对即将增加的卫星及其新功能进行推动，如新卫星信号、导航战能力和其他附加的载荷服务。

在软件部分，OCX 分为若干个子系统，分别支持如下的功能：对所有航天飞行器的（跟踪、遥测及命令）TT&C，单一航天飞行器的 TT&C，任务规划及导航功能。OCX 的能力将逐步得到实现，新功能必须全方位地兼容和支持 GPS Ⅲ星座的服务。从开发进度上看，OCX 最先实现的功能包括如下几方面：

1）从 P（Y）码的单一监控延伸到对所有导航信号的监控；

2）生成现代化的导航信息；

3）满足航空安全飞行需求；

4）对整个 GPS ⅢA 卫星提供 TT&C；

5）实现卫星任务自动分配能力。OCX 在保持对ⅡR 和ⅡR-M 星座的维护同时，首先在ⅡR-M 和ⅡF 卫星上实现现代化 GPS 的功能。另外，OCX 将与新的 GPS Ⅲ卫星一起对新服务提供指令和控制（C2）功能，它是 GPS Ⅲ星座服务发展的基础。

对于用户段来说，GPS 运控段的关注重点是，从对 GPS 卫星的控制转向基于用户的操作，更加重视用户服务的效果。同时，OCX 还帮助美国军方提高了 GPS 的军事运行服务，加强了其作战力量，并且促进了民用合作，吸收大量国际合作伙伴和用户。通过更优秀的 OCX 有效地进行导航任务规划，美国还将为所有 GPS 用户提供精确的 PNT（定位、导航、授时）信息。

2005 年 2 月 18 日，美国政府宣布将与商业合作伙伴一起共同开发 OCX。2007 年 11 月 21 日，美国军方宣称与加利福尼亚州的 Northrop Grumman 公司和科罗拉多州的 Raytheon 公司签署 GPS OCX 合作合同，分别从事空间使命系统和智能信息系统的研发。这两个合同各价值 1.6 亿美元，计划在 18 个月内完成。2010 年初，价值 9700 万美元的 OCX 第二阶段开发合同继续进行，计划到 2014 年完成。根据第一阶段的开发成果，OCX 的第二期开发将完成与 GPS Ⅲ卫星的整合，彻底取代传统 GPS 控制段的指令和控制（C2）系统，允许新的 L2C、L5 和 M 码信号投入使用。

由于 OCX 的建设采取循序渐进的发展方式，最终完全取代传统的控制段。这种方式可以在未来 30 年里满足 GPS 的军事和民用的需求，并且接管整个系统的完好性（SI）监控。

4. 用户段

卫星导航系统的用户段，就是卫星导航信号接收设备。用户段的任务是，接收 GNSS 的卫星信号，实现 PNT（定位、导航、授时）服务功能，并确保达到系统设计的性能标准，用户段主要是指 GNSS 接收机（广义的接收机包含各种接收芯片、集成电路板卡等）。实际上，GNSS 接收机是个庞大的家族，它包括多种多样、各式各样的品种和类型，而且随着 GNSS 及其产业的发展，将变得更加丰富多彩。

通常，可以将 GNSS 接收机大体上分为三类，即系统测试接收机、专业定位接收机和普通导航接收机。系统测试接收机一般很少在市场流通，因为它主要是专门用于测试系统或者开发某个专门的应用系统，作为开发和测试平台使用。由于现在 GNSS 正在从双频设计改为三频率设计，所以测试接收机往往是三频率工作方式。专业定位接收机主要是指人们熟知的高精度定位接收机，一般它们都是双频工作体制，广泛用于大地测量、地图测绘、形变监测、机械控制、精细农业、地籍调查、GNSS 气象学、电离层研究、连续跟踪观测站等许多方面。普通导航接收机则是普通大众大量应用的接收机，一般都是单频工作体制，如 GPS 导航接收机接收的信号为标准定位服务的 L1C/A 码。随着附带导航定位功能的智能手机的普及，目前全球这类接收机用户社会拥有量已经超过十亿台。

5. 新四段需要增加的环境段新概念

（1）环境段就是指卫星信号在空间传播的环境部分

通常认为，卫星导航系统是由空间段、地面控制段和用户段三部分构成的"老三段"。实际上，系统还包括另一个不言自明的部分，这就是卫星信号在空间传播所经过的环境段，与电波传播技术密切相关。它是空间段与地面段和用户段之间的联系段，是系统不可分割的部分，是越来越重要且值得独立研究的部分。可以说，只有把环境段考虑到卫星导航系统的总体组成中，系统才称其为完整的系统，只有把环境问题妥善处理，解决好和应对好，系统才能称其为完善的系统。

卫星导航系统的环境段涉及到的空间体非常大，涉及的内容范围也非常宽。由于卫星导航的应用涉及海陆空天各个方面，所以从地面、海上开始，到近地空间，直到地外空间，乃至深空，在这样巨大的空间内，包括不同的电波传输介质、自然和人为的电磁干扰，以及地形地貌地物和植被的影响。其中涉及大气（电离层和对流层）条件、电磁环境、多径效应，以及多种多样的应用环境与条件，它们会影响到卫星导航系统工作、定位精度、完好性、可用性、连续性和可靠性等一系列关键指标。环境段不仅影响到 PNT

（定位、导航、授时）的精度，而且也会影响到用户接收机的正常工作，甚至导致信号中断。尤其是在茂密的森林内、城市峡谷中，甚至各种各样室内应用，都有电波传播环境条件所导致的各种影响和限制。

（2）卫星导航的脆弱性难题和历来的应对措施

当前，或者说是今后很长一段时间内，卫星导航的主要问题是其脆弱性，而脆弱性的实质是环境问题，所以卫星导航面临的挑战性问题大多数来自环境段。天基PNT的脆弱性问题突出，迫切需要解决恶劣和特殊环境条件下的系统运行和应用的技术与方法，以及在这些环境条件下和所有环境条件下的精确模型化技术（包括PNT能力的模型和多系统集成运作的模型）、确保完好性的高精度定位技术、即时报警技术，和连续提供空间地理信息的技术，以及高高度空间的定位和测向解决方案。人们一直在尝试突破空白技术，破解这些导致GNSS脆弱性的难题，通过强化环境监测与模化、事件判断与处理、危机管理与应对，从而缓解脆弱性威胁，提高系统和应用的可靠性、安全性。当前挑战性的课题是，加强在恶劣电磁环境、异常大气环境、严酷物理环境、地外空间环境、导航战环境条件下的可用性与可生存性，以及服务的确保程度。

对于所有的卫星导航系统，近地空间环境是其无法回避的，存在环境和信号传输问题的客观世界。所以，就完整性而言，通常卫星导航系统严格地说应包括空间星座段、运行控制段、环境增强段和用户设备段四大组成部分。原先，环境增强段往往是隐含在内，双频和多频体制很大程度上是为解决环境段问题而设计的。环境增强实际上涉及非常浩大的工程，广域增强系统（WAAS、EGNOS、MSAS）、局域增强系统（LAAS）、差分GPS网络（NDGPS）、连续运行参照站网（CORS）、国际GNSS服务（IGS）等均属其范畴。环境增强技术实质上是解决近地空间大气环境的信息系统（AIS）技术，与GIS一样，是个基础技术。大气环境（简称环境段）与卫星导航系统其他组成部分（空间段、运控段），和用户段是密不可分的。环境段与其他三部分相比，属于系统的"软件"，是充分发挥系统硬件的整体作用，达到预期的性能指标的重要基础，直接关系到卫星导航应用和服务的效能与结果。随着技术的进步和应用的广泛深入，人们对GNSS所能达到的定位精度要求越来越高，对系统可靠性要求越来越严，其实质正是环境段的问题日益突出，已到了必须从后台走向前台的时候了。

（3）大气（电离层与对流层）效应和多径效应

卫星导航系统中的电波传播的大气效应，包括中性大气与电离层两种特性极不相同的媒质的影响。中性大气效应主要是密度大和气象变化过程复杂的对流层效应。在晴空条件下，有折射（射线弯曲），时延、反射（多径）多普勒频移效应以及气体分子的吸收衰减和湍流散射（闪烁），在坏天气情况下，还有雨雪、冰晶、尘埃等的吸收与散射所导致的衰减，以及降雨和冰晶的去极化效应。一般当频率高于 10 GHz，对流层的影响是主要的，特别是仰角小于 5°的时候，影响严重。电离层效应主要是折射弯曲、群时延、相位超前、多普勒频移和法拉第极化旋转，以及闪烁效应等，特别是具有频率色散效应。当频率低于 10GHz 时，电离层的影响是主要的。在 1～10GHz 之间，特别是对于低仰角，对流层与电离层两者的效应都有重要影响。大气传播效应引起的信号衰减和畸变，使信号质量变坏。对流层与电离层的影响机制和特性有较大差异。

电离层主要是指位于离地 50～1000km 的由电离气体组成的大气。导航卫星发布的电离层模型只能消除其 70ns 时延的一半，剩下的非模化残差约为 10m。地球高层大气的分子和原子，在太阳紫外线、X 射线和高能粒子的作用下电离，产生自由电子和正、负离子，形成等离子体区域即电离层。电离层从宏观上呈现中性，电离层的变化主要表现为电子密度随时间的变化。而电子密度达到平衡的条件，主要取决于电子生成率和电子消失率。电子生成率是指中性气体吸收太阳辐射能发生电离，在单位体积内每秒钟所产生的电子数。电子消失率是指当不考虑电子的漂移运动时，单位体积内每秒钟所消失的电子数。带电粒子通过碰撞等过程又产生复合，使电子和离子的数目减少；带电粒子的漂移和其他运动也可使电子或离子密度发生变化。

电离层是指从离地面约 50km 开始一直伸展到约 1000km 高度的地球高层大气空域，其中存在相当多的自由电子和离子，能使无线电波改变传播速度，发生折射、反射和散射，产生极化面的旋转并受到不同程度的吸收。大气的电离主要是太阳辐射中紫外线和 X 射线所致。此外，太阳高能带电粒子和银河宇宙射线也起相当重要的作用。太阳辐射使部分中性分子和原子电离为自由电子和正离子，它在大气中穿透越深，强度（产生电离的能力）越趋减弱，而大气密度逐渐增加，于是，在某一高度上出现电离的极大值。大气不同成分，如分子氧、原子氧和分子氮等，在空间的分布是不均匀的。它们为不同波段的辐射所电离，形成各自的极值区，从而导致电离层的层状结构。在电离作用产生自由电子的同时，电子和正离子之间碰撞复合，以及电子附着在中性分子和原子上，会引起自由电子的消失。大气各风系的运动、极化电场的存在、外来带电粒子不时入侵，以及气体本身的扩散等因素，引起自由电子的迁移。电离层内任一点上的电子密度，决定于上述自由电子的产生、消失和迁移三种效应。在不同区域，三者的相对作用和各自的具体作用方式也大有差异。在55km高度以下的区域中，大气相对稠密，碰撞频繁，自由电子消失很快，气体保持不导电性质。在电离层顶部，大气异常稀薄，电离的迁移运动主要受地球磁场的控制，称为磁层。电离层的主要特性，由电子密度、电子温度、碰撞频率、离子密度、离子温度和离子成分等基本参数来表示。

对流层是大气层的较低部分，通常是指离地高度从地面起至8～13km，随着气候变化它会在温度、气压和湿度上有所变化。复杂的对流层时延模型可以用来估算或测量这些参数。

对流层延迟取决于信号传播路径上的压力、温度和相对湿度的变化，因此，对流层延迟随时间、地点、季节等因素而变化。对流层延迟还与卫星信号穿越对流层的路径长度有关，即对流层延迟与接收机至卫星的观测仰角有关，对流层延迟随接收机观测仰角的变化。通常，对流层延迟在天顶方向（仰角为90°）约为2m，随仰角的减小，对流层延迟逐渐增大，在低仰角时（20°）可以达到20多米。

多径效应也是对流层中导致信号延迟误差的主要因素，多径是由于接收机附近的物体表面的反射信号引起的，它们可能造成对来自卫星的直射信号的干扰或失误。多径效应难于检测，有的时候也是难于避免的。对流层由于离地面较近，大气密度远大于电离层中的密度。而且大气的状态随地面的气候变化而变化，所以对流层折射比电离层折射更为复杂。由于对流层不属于弥散性介质，即电磁波在其中的传播速度与频率无关，所以对流层延迟无法通过卫星导航系统发射的双频信号加以消除。同时考虑到对流层延迟变化的复杂性，因此，消除对流层延迟的影响对于高精度定位来说是个相当复杂和难于解决的问题。

（4）导航系统的电磁环境和信号干扰来源及其对策

电磁波环境包括自然的和人为的两方面。自然的电磁环境包括日地环境和大气环境造成的电磁波和电磁干扰效应，如太阳和地磁活动造成的影响，造成的地磁与电离层骚扰和电离层爆，引起的电离层异常、不均匀性、闪烁和梯度等，还有大气雷暴引起的电磁效应等。人为的电磁干扰则是更加多样和复杂，不胜枚举，一般分为无意的与故意的两类。各种各样的无线电系统工作和大量的机电设备的启动运行，都可能在卫星导航系统工作所在的 L 频段造成明显干扰。当然，最为重要的是另一类人为的故意干扰，这是最需要认真加以对付和防范的。

解决环境段的问题应该从三个方面着手：一是从卫星导航系统设计着手，改进和提高系统的性能，实现四大组成部分（星座空间段、环境增强段、地面运控段、用户系统段）一体化设计。针对环境段问题，采取积极的措施，保障精度、可用性、完好性、连续性和可靠性指标要求，尤其是抗干扰能力和具有完好性保证的高精度性能；二是要加强对卫星信号及其干扰源的监测和跟踪，及时地发现可能的故障、原因、来源，确定相应的对策，采取积极的防范措施和及时的处理办法；三是应该充分利用多样化的系统互补融合，除了积极推进 GNSS 多个系统的兼容和互操作外，还要将天基导航与地基导航、传统导航与新兴导航、无线电导航与惯性导航，以及多种多样的导航手段和资源实现系统集成化整合，从根本上解决天基导航系统的脆弱性，真正做到任何时候、任何地方实现全空间、全天候的 PNT（定位、导航、授时）。

3.2.4　GNSS 应用技术的发展趋势

1. GNSS 兼容互操作技术发展首当其冲

GNSS 已被人们普遍接受，实际上它不是一个完整的有机的系统，而是多个系统的简单组合或者说是拼凑，是一种"拉郎配"。面对这样一个不争的事实，有许多问题要思考。首先是要清楚地了解并研究 GPS、GLO-NASS、Galileo 和 BDS 四大全球系统的本初计划、现状、类同性和差异性；接着要探讨四大全球系统间的兼容和互操作，如何从最优化角度，通过最佳化选择来充分利用和发挥其作用；最终应从中国在建的北斗系统实际出发，审时度势地找到其在 GNSS 中的正确定位，合理地配置我们的资源，并采取积极开放的政策，寻求国际合作，建设一个理想的多国共建共享的民用GNSS，实现将来的可持续发展。这样的思路是一种理想追求，一种有益探索，一种概念创新，是对 GNSS 系统的重新设计和再设计，而且还可以进行下一代卫星导航系统的全新研究。

什么叫做 GNSS 系统的兼容互操作？由于现在的 GNSS 是各国各自独立建设的，实现兼容的目的是要保证各个系统之间相互不会干扰，不会影响其他系统工作，而实现互操作的目的，是希望用同一个接收机系统，不需要任何硬件上的改动，只要通过软件的设置，就能完好无损地同时接收其他系统的信号。这样会大大提高系统的应用服务的可用性和可靠性，以及精度等其他性能指标。这是一种多方共赢的技术和应用服务方式，也是最容易操作的合作。目前可行的方案，实际上是美国和欧盟达成的在 L1（1567.45MHz）频段上的互操作，而且已逐步为国际社会所公认，现在 GLONASS 也是采用这种方案。

2. 环境增强技术是产业全面发展的前提条件

环境增强技术的研究目标是在全球建立并形成具有地域特色的大气环境信息系统及支撑技术，完善 GNSS 的组成缺项，确保系统建设的完整全面、运营实施的可靠正常，以及应用服务高效务实。其研究的主要思路是：电波传播的大气环境效应研究应贯穿卫星导航系统组成的各部分（如系统的总体设计与误差估算，卫星的发射功率确定，测控站布设及其数据处理，用户机的误差修正与差分技术）。同时，研究也应贯穿于系统建设和运营的全过程，涉及各项关键指标，如精确度、连续性、完好性、可用性、可靠性、抗干扰和安全性等。按照系统一体化整体化研究和电波环境工程的思路，开展相关的工作。

3. 多种信息系统融合技术

多种信息系统技术的融合和一体化集成，是 GNSS 应用服务产业最为突出的特点。卫星导航与电子地图的结合是顺理成章的事，车辆导航仪和个人导航仪开创了 GIS（地理信息系统）许多新应用新服务。而接下来的发展重点便是 GNSS 与移动通信和因特网的相互渗透融合，这将有力地保证卫星导航产业走向规模化、大众化，使导航终端与控制中心（服务器）端的互通互联成为可能，使车队监控、物流调度、个人跟踪、网络导航、定位游戏、移动位置服务、地图在线更新、信息增值业务等均成为可能。此外，面向大众应用发展所急需解决的室内室外无缝导航定位、行人导航定位等问题，其寻找最终解决方案的过程本身就是进行多种技术融合的过程。

（1）实现室内外无缝导航定位应用需要多种技术的融合

解决室内外无缝导航定位的问题，一定要跨越两道难关：一是将 GNSS

在野外开阔地定位转入城市内多遮挡条件下的定位；二是解决室内定位的问题。这其中，GNSS 室内定位更是个难题。在 GNSS 室内定位的情况下，大多数卫星导航视距传播信号无法直接到达卫星导航接收机天线，更多的是反射、绕射、或散射信号，导致的总效应称为信号衰落。为此，首先应研究的是室内定位的信道模型，以表征室内环境下的信号传播特性，最有代表性的是 Saleh-Valenzuela 模型。由于信号来向和信号路径的复杂性，所以仰角和方位角成为模型的关键参数，当然也要考虑建筑物墙体的影响。建筑物墙体材料造成信号影响主要分为反射特性和穿透特性，进而要求研究信号的传输模型，通过介质常数的计算，探讨对绝对功率电平的影响。室内定位不仅仅限于 GNSS 接收机，还应考虑蜂窝网络的协助，考虑惯导组合，以及其他室内定位传感器技术，如 WLAN、WPAN、WiMAX 和 Bluetooth 等一系列技术的融合应用。

（2）实现城市行人定位导航应用需要多种技术的融合

GNSS 应用的大众化市场在过去多少年间主要集中在车辆导航应用，而更为广泛的应用前景则是在行人，如导航、本地搜索和社会网络化问题，而实现城市内行人的 GNSS 定位且体验良好，实际上存在诸多困难。城市高楼林立，多径和遮蔽效应会严重恶化 GNSS 测距精度和几何精度因子。对于行人而言，通常因行进速度较缓慢和更靠近建筑物，与车辆相比，同样的环境条件会造成较为严重的后果，使精度和完好性经受挑战。当前得到业界共识的是，必须利用多种多样的组合导航和其他信息技术的融合，才能最终解决城市行人应用难题。例如，特别针对狭窄的街道区域，人们创建了所谓的导航重叠算法（NAO），这是一种实现 GNSS 测量和 GIS 数据库（描述建筑物 2D 基础形状）组合运算的算法软件，其可实现行人导航终端的良好地图匹配，可减轻卫星定位计算的漂移现象，从而改进定位精度。

3.3 北斗系统是中国新时空服务体系的核心基础设施

3.3.1 "北斗一号"的发展历程

2000 年，中国北斗卫星导航试验系统开始发射第一个"北斗一号"卫星，至 2003 年 5 月发射的第三颗卫星，标志着北斗试验系统初步建成，并且投入正式运行，中国成为继美国、俄罗斯之后世界上第三个拥有自主卫星导航系统的国家。该系统建成后成功地应用于测绘、电信、水利、渔业、交通运输、森林防火、减灾救灾和国家安全等诸多领域，产生了一定的经济效益和社会效益，特别是在 2008 年中国南方冰冻灾害、汶川特大地震抗震救灾和北京奥运会中发挥出非常重要的作用。

"北斗一号"系统是由太空的导航通信卫星、地面控制中心和标校站网，以及用户终端设备三个部分组成。通常，太空部分有两颗地球同步轨道卫星，执行地面控制中心与客户端的双向无线电信号的中继任务。地面控制中心（包括民用网管中心），主要负责无线电信号的发送接收，及整个系统的监控管理，其中的民用网管中心负责系统内民用用户的标记、识别和运行管理。客户端是直接由用户使用的设备，即用户机，主要用于接收地面控制中心经过卫星转发的测距信号。简单地说，"北斗一号"卫星导航定位系统具有快速定位、简短通信和精密授时的三大主要功能：

1. 快速定位

快速确定用户所在地的地理位置，向用户及主管部门提供导航信息。

2. 简短通信

用户与用户、用户与中心控制系统间均可实现双向简短数字报文通信。

3. 精密授时

中心控制系统定时播发授时信息，为定时用户提供时延修正值。

"北斗一号"是利用地球同步卫星为用户提供快速定位、简短数字报文通信和授时服务的一种全天候、区域性的卫星定位系统。系统由两颗地球静止卫星（分别位于东经 80° 和 140°）、一颗在轨备份卫星（位于东经 110.5°）、中心控制系统、标校系统和各类用户机等部分组成。其覆盖范围是北纬 5~55°，东经 70~145°之间。定位精度为水平精度 100m，设立标校站之后为 20m（类似差分状态），授时精度约 100ns。

"北斗一号"系统具有用户与用户、用户与地面控制中心之间的双向报文通信能力。系统的一般用户每次可传输 36 个汉字，经核准的用户利用连续传送方式 1 次最多可传送 120 个汉字。这种简短双向报文通信服务，可有效地满足通信信息量较小、但对于实时性要求并不很高的各类型用户应用系统的要求，也很适合集团用户大范围监控管理和通信不发达地区数据采集传输使用。对于既需要定位信息又需要把定位信息传递出去的用户，北斗系统将是非常有用的。

"北斗一号"系统使用的卫星是同步轨道卫星，这意味着落地信号功率很小，因此，用户机需要有较大天线，一般天线直径达 20cm 才能接收信号，而且因"有源应答"运作方式，所以用户机还要包含发射机，因此前些年普通型用户机体积通常为：长 20cm、宽 17.5cm、高 5cm，其重量、耗电量，甚至价格都远比 GPS 接收机来得大与昂贵，这就限制了它的使用范围和推广应用。

综上所述，北斗卫星导航系统虽然和全球定位系统相比有一定的差距，但是它具有卫星数量少、投资小，能实现一定区域的导航定位、通信等功能，可满足当前中国陆、海、空运输的导航定位的某些需求。更重要的是，北斗卫星导航系统是中国独立自主建立的卫星导航系统，解决了中国自主卫星导航系统的有无问题。它是一个实用的、投资少的试验起步系统。

3.3.2 "北斗二号"的豪迈进军

北斗系统的建设和营运遵循四大基本原则，这就是：自主、开放、兼容、渐进。也就是，北斗系统是独立自主建设，自成系统营运。而且坚持军民两用，民用向全中国、全世界开放；同时为了充分利用其他 GNSS 的有效资源，充分发挥北斗系统的作用，在更大范围、更高水平、更深层次上为用户提供更加全面优质周到的服务，所以必须实现与其他卫星导航系统的兼容互操作；鉴于中国卫星导航系统起步较晚，在系统和技术上与国际先进水平存在很大差距，中国相关的基础工业和高新技术方面还比较落后，我们只能采取循序渐进的方式来进行系统建设与营运，有个不断改进，不断完善的过程。

北斗卫星导航系统致力于向全球用户提供高质量的 PNT（定位、导航、授时）服务，包括开放服务和授权服务两种方式。开放服务是向全球免费提供定位、测速和授时服务，定位精度 10m，测速精度 0.2m/s，授时精度 10ns。授权服务是为有高精度、高可靠卫星导航需求的用户，提供定位、测速、授时和通信服务以及系统完好性信息。

"北斗二号"工程项目建设的启动时间是在 2005 年。至今已形成覆盖亚太地区的区域服务能力，正式提供区域服务。目前，在轨工作卫星数量达到 14 颗，其中分别有静地轨道卫星（GEO）5 颗，倾斜地球同步轨道卫星（IGSO）5 颗，中轨轨道卫星（MEO）4 颗。北斗系统最终需要发射 35 颗左右卫星。按照规划，北斗系统将由静止轨道卫星和非静止轨道卫星共同组成，采用"东方红—3号"卫星平台。非静止轨道卫星又分中轨道（MEO）卫星和倾斜同步（IGSO）卫星。MEO卫星平均分布在与赤道倾角为55°的三个平面上，轨道高度21500km。北斗系统将提供开放服务和授权服务。开放服务在服务区免费提供定位，测速和授时服务，定位精度为10m，授时精度为50ns，测速精度为0.2m/s。授权服务则是将向授权用户提供更安全与更高精度的定位，测速，授时服务。在重点服务区域内还将通过短信通信服务功能和GNSS增强服务功能。

北斗系统在2011年底宣布开始区域服务试验运营，并且发布了ICD（接口控制文件）测试版，2012年底又宣布区域系统正式投入服务，同时发布了ICD1.0正式版。为使北斗系统更好地为全球服务，加强北斗系统与其他卫星导航系统之间的兼容与互操作，促进卫星PNT（定位、导航、授时）服务的全面应用，我国愿意与其他国家合作，共同发展卫星导航事业。同时，我国在频率协调、兼容与互操作、卫星导航标准等方面积极开展国际交流与合作，以推动世界卫星导航领域技术和应用的发展。

3.4　中国北斗系统面临的机遇和挑战

3.4.1　中国卫星导航产业尚处在初创阶段

中国卫星导航产业目前只能算是初创的幼稚产业，可以从三个方面判断中国卫星导航产业发展成熟程度不足。一是产业链的完整性。很长时间以来，我们是依靠GPS信号来实现卫星导航应用与服务，所以从产业链的角度来说，信号来源没有自主化，产业没有形成整体发展态势，产业链无法自成体系，成为一种缺陷。应该指出，如今北斗区域系统正式投入运营工作，国家和各级政府与管理部门，会给予产业更多的重视和关注，会从根本上推动产业链的不断形成和完善，但是这需要有个发展过程。二是产业管理、政策法规、标准规范的到位率。中国的卫星导航产业是从应用GPS起步的，具有明显的自发性和盲目性，在相当长的一段时间内，缺乏整体性管理，政策法规和标准规范的到位程度很低，目前仍处在百废待兴、百事待举的阶段。三是产业自身在国民经济中的地位和作用显示度。2013年产业总产值刚刚超过1000亿元，对于56多万亿元的国民经济GDP的贡献不足2‰，而且其中大部分贡献来自其他相关关联产业。由此可见，目前它还是个弱小产业，但又是一个不可忽视的朝阳产业，而且已经到了行将出现爆发性增长的关键发展期。

3.4.2　中国卫星导航产业的市场规模现状和前景预测

中国卫星导航产业在经过 20 多年的发展，到目前为止已经初具规模。随着导航定位逐渐成为大众普遍使用的技术，以及卫星导航与地理信息、互联网和移动通信的融合发展，更准确地说，这个产业已经扩展到位置服务的广阔领域，应该称之为卫星导航与位置服务产业更为恰当，但我们在此仍沿用卫星导航产业的说法，因为正如本书前面所论述的，卫星导航是位置服务乃至新时空服务体系的关键核心。

据预测，在 2020 年前，该产业的产值和用户数量，将继续平均以两位数的高增长率强劲攀升。2013 年中国卫星导航产业总产值约为 1040 亿元，至 2020 年年产值将超过 4000 亿元，占全球卫星导航产值的 12％。2020 年后进入一个相对平稳的可持续发展时期。目前产业发展的主要状况是：

1. 产业已经初具规模并保持高速增长态势

过去十余年，中国卫星导航产业连续多年维持 30％以上的高速度增长，业已形成以民营和股份制企业为骨干的产业群体。2013 年中国卫星导航产业总产值刚刚超过 1000 亿元人民币，年环比增长 35％以上，终端销量接近 3000 万个（数量内未包括 3 亿多个带导航定位功能的手机），年环比增长 50％左右，定位终端的社会持有量超过 1 亿台，而且卫星导航应用与服务已经进入了行业专用、生命安全以及大众消费三大市场。在今后的若干年内，北斗产业产值和用户数量，将继续以两位数的高增长率强劲攀升。至 2020 年年销售终端数量将超过 5 亿台，占全球导航应用终端总销量的 25％左右，年产值超过 4000 亿元，占全球产值的 12％。2020 年后进入一个相对平稳的可持续发展时期。

2. 产业以民营为主

经过将近 20 年的努力，中国卫星导航产业已经集聚了一大批以民营为主的中小企业，数量多达 1 万家左右，但从业人员只有 30 余万。产业通过"先驱成为先烈""剩者为王"的光荣而又悲壮的凤凰涅槃过程，创造了多源投入、多元市场、真正参与国内外竞争、用户和消费者决定产业成败的特有的高科技发展模式。其中有一批企业已成长壮大起来，成为产业的骨干群体，有的已经实现上市融资，成为股市上引人注目的新兴的"卫星导航板块"。而更值得我们关注的是，中国已形成基于卫星导航应用的多种多样行业需求和庞大的社会大众应用消费群体。同时，仅仅30余万的产业从业人员的事实（平均一个企业或研究机构不足30人），也随时都在提醒我们人才缺乏，尤其是能够比肩国际的高端人才更加难得，这将成为决定中国产业发展能否真正后来居上的关键劣势所在。

3. 北斗产业已形成完整的产业链

随着北斗系统区域服务能力形成，产业正在构成完整产业链，赢得行业部门和地方政府关注，一批有实力的大企业大公司正在进入产业。值得关注的是，人才可以培养，中国也不缺高水平人才，关键是如何吸引更多的有识之士加入这一产业行列。从"北斗一号"开始至今，陆续有一批科研机构、高等院校和大企业大公司致力卫星导航产业，而且最近有一些已经从单纯的系统建设转向应用产业，或者从其他传统行业转向卫星导航这样的信息产业领域，他们的科研力量、设备条件、管理经验为产业注入了新鲜血液和强大的生命力，极大促进了自主创新、产业转型和能力升级，正在创造产业发展的崭新局面。在技术方面，中国目前已经在北斗/GPS兼容机及其芯片等核心技术方面获得突破，迈出北斗产业化的重大一步，但是在技术水平和技术含金量方面，与国际先进水平相比，还存在明显差距。在企业群体动作频繁的同时，各个行业主管部门和地方政府都十分重视北斗产业的发展，竞相推进北斗科技产业园建设和产业化项目，并在政策和资金等多个层次上给予支持扶植，营造了产业发展空前良好的大环境。

4. 全球最大的移动通信和汽车市场为产业发展创造了得天独厚的条件

卫星导航的基础性、融合性，及其与其他相关产业的关联性，充分体现了其对于新一代信息技术和智能信息产业的核心带动力。对于卫星导航产业而言，中国的最大优势是有庞大的内需市场。2014年，中国移动通信市场规模继续保持全球第一，年新增移动电话用户5698万户，年末达到12.86亿户，每百人移动电话持有数量达到94.5部。互联网宽带上网用户数超过2亿，移动互联网用户数量达到8.3亿。2014年，汽车生产销售数量连续第六年双双跻身世界第一，汽车产销量分别达到2372.69万辆和2349.19万辆，再次刷新全球历史记录。2014年年底，全国机动车突破2.64亿辆，其中，汽车数量达到 1.54 亿辆。机动车驾驶员数量突破 3 亿人，其中汽车驾驶人员数量 2.46 亿人。值得注意的是，卫星导航和监控功能将逐步成为移动通信终端和汽车电子信息系统的标准配置，其后与卫星导航相关的服务业，尤其是位置服务更将成为移动互联网的标准配置，产业由此必将获得巨大发展。

3.4.3 中国卫星导航产业面临的主要问题及其对策建议

1. 产业缺乏宏观整体性统一管理

为此，需要根据现实条件，确立体现国家意志的协调管理组织和主管部门，强化产业的战略发展研究与总体规划，推动系统性的配套政策法规和标准体系的建立。

2. 产业仍未摆脱"小、散、乱"的落后局面

亟待通过技术创新和体制机制创新，实现整合、重组、提升，形成以骨干领军企业为首的强大的产业集群，形成产业规模化、规范化发展的大环境，形成完善的产业链，即产业体系，从而奠定产业做大做强的技术与市场基础；

3. 产业供给与需求有一点差距

作为一个新兴信息产业的核心领域，需求明显、巨大、紧迫，但产业却力不从心。重要原因是国家投入严重不足，而且重点不突出。为此，必须加大、加强重点投入，应集中投入与北斗系统建设相配套的大资金，推动产业创新和能力建设，构建国家级的产业基础设施、共享资源与平台、系统性的解决方案，推动行业性、地区性、典型性的重大示范工程，全面促进产业快速持续跨越发展。尤其应该在下列方面予以特别重视：

（1）后来居上者将面临更大更多的挑战

在四大全球系统中，北斗系统是后来者，能有更多的借鉴，更多的选择，但也面临更大更多的挑战：在系统建设和运营上我们落后国际先进水平近 20～30 年，想要赶上甚至超过，就必须想办法实现跨越式发展；北斗系统作为复杂系统取决于航天、电子、机械、环境等一系列高科技和基础工业的产品、技术、能力与管理的水平。如轨道可高精度预测的稳定的空间平台、超稳定长寿命原子钟、现代扩频信号体制与技术、空间环境的认知与预测技术，以及大规模集成电路技术等方面，如何同步提高，这也是国家需要统筹考虑的重大问题。

（2）投入最小化和效益最大化的抉择

像"北斗"这样的重大系统，一定要确立切实可行、行之有效的投入最小化和效益最大化策略，具体做法是必须坚持积极开放，坚持与其他 GNSS 的兼容与互操作，坚持建以致用的方针，这样才能高瞻远瞩，站在巨人肩膀上前进，把风险降到最低限度，并逐步扩大国际影响，为以后全面投入运营奠定市场基础，最终实现产业发展竞争国际，服务拓展进军全球。

（3）处理好五大关系，造就中国卫星导航的大国强国地位

这五大关系是：国际与国内、军用与民用、系统与应用、政府与市场、当前与长远。

所谓的"国际与国内"，主要指 GNSS 与北斗系统的关系。对于产业而言，这两者是统一的，我们的"北斗"需要发展并成为全球 GNSS 的前三甲，同时我们的产业也需要发展壮大，有能力让全世界都用上中国的"北斗"产品。当然，我们也应该毫不客气地用好用足 GNSS 国际资源，解决好兼容和互操作的国际合作问题和 GNSS 接收机及其终端的研发生产，以及大众化应用问题，既能在北斗系统建设过程中便能在国内使用起来，也能进一步地占据大批量国际市场，赢得时间，赢得空间，获得收益，从而极大地支持和反哺北斗系统建设，降低运营经营风险。

所谓"军用与民用"，是指军用和民用的各自定位。近 30 来年卫星导航系统应用的事实，证明民用的用户量将是军用的百倍千倍，民用的产值比军用至少高十倍百倍，是经济和社会效益的主要源泉。民用与军用相比，绝不是无足轻重的装饰音和附着物，两者完全可以平起平坐，毫不逊色。没有民用的卫星导航系统缺乏生命力和长期运行的持续发展能力，因此任何抛开民用经济发展而论述系统建设利益的观点都是站不住脚的。

所谓"系统与应用"，是指应处理好北斗系统建设和应用服务的关系。中国的航天系统普遍存在着"重系统，轻应用"、"重天上，轻地面""重投入，轻产出"的倾向，实际上，应用服务才是北斗系统建设的出发点和落脚点，GLONASS 和"北斗一号"在这方面给了我们极其深刻的教训。没有达

到预期的用户量是系统建设最大的不成功，应用服务是系统建设成功与否的试金石和唯一的检验标准。

所谓"政府与市场"，是指政府行为与市场行为在产业发展中的互补关系，相辅相成关系。卫星导航作为一个新兴的朝阳产业，如今正处于产业发展初期，作为政府必须充分发挥其资金和政策的引导作用，集中资金投入系统建设和运营。同时，在推动应用与服务产业的形成和发展过程中，也应该有与系统建设费用可比拟的大量资金，抓住产业发展的大好时机，在今后3～7年间实施集中投入，并且有相应的优惠扶植政策与之配套，才能在十年左右的时间内，培育出年产值超过3000亿～5000亿元的卫星导航应用与服务产业。这是非常值得的事，这是一本万利的事。

所谓"当前与长远"，是指当前要做的迫在眉睫的事和长远发展的考虑之间的关系。实际上，当前的市场形势非常严峻，由于大众化市场的快速发展，以及定位手机市场业已风起云涌的局面，个人导航仪市场在快速崛起后又迅速下滑。今后3～5年内中国会出现数以亿计的用户需求，我们应该怎样面对，如何因势利导地将需求优势转变为自身的市场强势和产业强势，这是当务之急，千万不能等。中国导航产业只有先求生存，后求发展，做好了今天，才有美好的明天。令人高兴的是，2013年国务院办公厅发布了目标瞄向2020年的《国家卫星导航产业中长期发展规划》，强调要利用"北斗"投入区域服务的大好时机，快速实现产业的规模化发展。

（4）主动倡导、积极参与国际上的 GNSS 建设与应用合作

GNSS 发展为我们走向国际创造了一个重要舞台，北斗系统建设则为中国在全球展示国家竞争实力提供了良好的机遇。我们是后来者，因此更需要开展国际交流和合作，在 GNSS 层面上，中国北斗系统在自主建设的同时应该积极与其他三大系统，平起平坐地谈民用的合作，开展"兼容与互操作"的双边和多边合作，进行实质性的技术交流和较量，只有通过我们自身切实的努力，通过深入而卓有成效的国际合作，通过长期持续认真的工作，我们才能逐步实现与国际水平的接轨，才能逐步体现和发挥大国的作用。在民用问题上我们必须坚持透明公开、国际合作的基本方针，要有自信心，要展示大国形象，负起大国责任，这也是中国大国崛起的重要标志之一。

GNSS 已经逐步成为全世界的共享资源，鉴于现在不同国家多个系统组合在一起，会造成应用的诸多困难和资源的大量浪费。如果全球能统一标准，共同推进民用系统的联合发展，不失为一种非常有创意的思路。因为一

个多国共建的系统，国际共享的系统，将更为保险可靠，且系统的运营维护由各国分担，将大大减轻单一国家建设系统的巨大经济负担。无论这样的事情办得成还是办不成，早办成还是晚办成，都必定能产生巨大的影响，有助于大国间交流，有助于国际上官民的共同参与，有助于中国认识世界和世界认识中国，有助于展示中国和平发展的形象，有助于中国在卫星导航系统技术上实现赶超，摆脱长期落后的困境，有百利而无一害。而且在当前的国际大环境下也正是恰当的行动时机，甚至应该说是千载难逢的时机。总之，利用国际上 GNSS 发展的良好大环境，中国当前应该抓住机遇，强有力地推进产业的规模化、规范化发展，全力开拓国内外两大市场，逐步实现向卫星导航大国和强国的转化。

3.5 以北斗系统为基础全力推动新时空服务体系发展

3.5.1 中近期目标是推动北斗应用服务

在最近几年间，应初步构建起北斗应用服务生态体系，建设完善北斗应用服务基础设施，满足产业发展的需要，形成北斗差异化服务能力；建设一批覆盖面广、支撑力强的公共服务平台，完成一系列产业亟需的共性应用解决方案，整体提升北斗集成应用能力；率先在基础良好的区域形成一批卫星导航产业聚集区，形成门类齐全、布局合理、结构优化的产业集群和体系；培养北斗应用市场，在重点行业和个人消费类市场以及社会公共服务领域，实现自主卫星导航系统规模化应用；提升北斗系统全球应用服务能力，培育国际合作与竞争优势，显著提升北斗应用的国际竞争力（曹冲，2010，2011）。

1. 重点发展方向

围绕产业发展的重点领域和薄弱环节，解决行业发展的若干关键、共性、基础的瓶颈和壁垒问题，夯实产业发展基础，突出强调系统技术融合性，创新资源共享性，国家项目带动性，强化整体性策划和体系化推进。推进标志性工程，树立典型示范和学习榜样，以利于推广应用；推进综合性工程，强化系统融合和资源共享，以利于区域发展；推进联合性工程，形成产业集群和品牌效应，以利于规模经济；推进服务性工程，促进低碳产业和绿色经济，以利于持续普惠。在交通运输与物流快递、移动通信与互联网、农林水利与油气矿山、医疗卫生与健康关爱、安全防护与环保节能等五大行业领域，在十个具有典型代表性的城市，选择具有综合示范效应的十大产业群体（含近百家企业），集中推进北斗时空服务产业化专项工程，形成标志性、常态化、可推广、可持续发展的应用体验和服务示范根据地。

对于"北斗"这样革命性的产业，应该采用革命性的思维和行动。发挥北斗系统在新一代信息技术和智能信息产业中的引领、关键、共性、基础作用，构建以北斗系统为核心基础的北斗时空应用服务生态体系，是中国当前和长远追求的大目标。通过政府政策与资金的组合拳引导，全方位多层次地带动方方面面的力量，以北斗和通信等其他系统融合提供的时空信息为核心和主线，构建营造起新时空信息服务的完整技术体系框架；同时，必须也只有通过时空要素为核心主线，整合包括智慧城市与智能社区、物联网与车联网、移动互联网与位置网、云计算与大数据、电子政务与商务、社会管理与物流快递等一系列离散的新兴信息产业，实现产业的贯通串联凝合，形成北斗时空服务生态体系的完善概念。结合市场需求、抓住重点环节，解决主要矛盾，突破发展瓶颈，针对国家卫星导航中长期发展规划中有关基础工程、行业应用、大众应用、安全应用和国际化推广的任务要求，进行项目统筹梳理打包。强化整体性策划、体系化推进的国家指导性和产业能动性，选择重点区域和行业，集中实施若干示范专项。重点支持解决构建应用服务生态体系所需的基础设施、公共平台、系统解决方案三大核心组成部分，从而实现从总体上部署和全面推动新一代信息技术和智能信息产业的大发展。尤其需要进一步促进社会资源的整合，实现行业技术能力的融合，产业竞争与创新实力的聚合，打造和贯通信息感知、普适传输、泛在服务为主要环节的智能信息的上下游产业链，整体上带动产业上水平、上档次、上规模，从而提升产业发展整体水平和国际竞争力。

2．主要任务

（1）开展基础工程应用示范专项，重点支持区域（地级城市以上）新时空服务体系基础示范工程建设

在基础设施方面：重点完成国家级地基增强系统，包括信号增强、异常和干扰监测网络；局域无线通信与导航融合定位网络；国家级综合位置基础信息库，包括地理门址库、三维实景库、位置信息安全系统、室内地图标准制定。在公共平台方面：重点完成位置服务基础数据共享平台建设，整合各方相关应用服务数据资源，提供网络化共享式的基础数据服务；完成科技创新与应用推广公共服务平台建设，提供包括科技协同创新、成果测试验证、

创意演示体验、科技成果转化孵化、解决方案推广，以及包含标准、专利、战略研究、策划论证、项目监理等在内的专业咨询服务；建设基于时空信息服务的国家认证系统。在关键应用解决方案方面：重点推动实现通信导航计算融合芯片的技术创新、研发制造及产业化。

（2）开展行业工程应用示范专项，重点支持两种方式的应用示范建设，即在交通物流、医疗卫生、农林水利、汽车前装、电力通信金融等领域的行业专项应用示范，以及重点区域行业综合应用示范

在公共平台方面：重点完成国情监测评估、决策支持综合应用平台，行业平台化的中间件建设，位置服务行业基础数据共享平台建设，北斗授时行业产品入网检测平台建设。在应用解决方案方面：重点完成行业共性化基础模块与终端，汽车前装终端，以及北斗专业高精度测量和授时模块的研发与产业化。

（3）开展大众工程应用示范专项，重点支持两种方式的应用示范建设，即在老人关爱、车辆信息服务、个人位置服务、旅游出行服务等领域的专项示范，以及大众区域综合应用示范

在公共平台方面：重点完成大众位置服务软件商店，以移动互联网为基础的大众位置服务平台，和大众数据共建分享平台建设。在应用解决方案方面：重点完成大众共性化基础模块与终端，具备位置服务功能的移动终端和可穿戴设备的研发与产业化。

（4）开展安全工程应用示范专项，重点支持两种方式的应用示范建设，即公共安全监测与应急联动城市级应用示范，以及区域防灾减灾与应急救援应用示范

在公共平台方面：重点完成公共安全网络数据平台，政府决策指挥调度平台，灾害监测综合数据平台建设。在应用解决方案方面：融合数据采集终端，典型的通用智能服务终端设备的研发及产业化。

（5）开展国际工程应用示范专项，重点支持两种方式的应用示范建设，即国际车辆船舶的导航与监控示范，以及国际区域应急救援、综合减灾示范

在基础设施方面：重点完成北斗全球卫星导航增强系统建设，主要包括星上资源、全球参考站、地面上行站，同时完成信号监测服务网建设。在公共平台方面：重点完成全球广域增强信息数据处理中心，和国际化综合服务平台建设。

3. 建立北斗专项基金是保障主要任务实现的有效方法

作为智能信息产业领域具有领军作用的标志性群体化国家工程，为了在最近几年的短时期内，保证基于北斗的新时空产业跃上一个新的台阶，必须在投入巨大资金的同时，强调突出重点和集中投入。保证在关键环节上出成果，出效果，出显示度，且能明显促进行业的普惠和共享，能持续推进产业整体和产业链的协调发展。因此，需要在新时空发展的初期阶段，在上节所描述的主要任务的实施过程中，率先适时起动北斗专项基金，以充当各个国家专项实施的资金后盾。应该指出，卫星导航产业在中国是从应用 GPS 开始的，所以在相当长时间内的国家投入，对于一个产业而言，只是"毛毛雨"。现在进入"北斗时代"，实际情况没有根本性变化，因为在北斗系统重大专项工程中，国家投入"应用与产业化专项"的费用只有工程总额的 3%左右，仅仅 20 多亿元，杯水车薪，根本谈不上支撑产业发展，如果不能在短期内快速突破其应用服务的资金壁垒，不仅将造成北斗系统资源空转的极大浪费，而且会丧失难得机遇，白白损失完全可能获得的巨大经济社会效益。为此必须采取重大专项行动计划，利用国家、企业、社会的合力，确保产业尽可能快地上轨道、上台阶、上规模，真正实现高速度、可持续和跨越式发展。当务之急是成立北斗专项基金，在集中国家 150 亿～200 亿元的集中投入的同时，另外募集 400 亿元的社会金融机构的配套资金，从而能够带动大量的企业资金投入。基金在 3～5 年内实现千亿元量级的资金投入之后，才能真正突破产业发展诸多壁垒，形成产业生态良性循环，实现产业自身快速可持续发展。

北斗专项基金将成为产业的纽带和黏合剂，其利用经济手段所产生的产业发展导向力作用，会对产业链和产业体系的快速形成起到关键性的推进作用，同时这也符合中央关于发挥市场在资源配置中的决定性作用的精神。应该指出的是，国家成立北斗专项基金还是属于引导行为，并不排斥、不影响其他金融投资渠道对产业的投融资服务，也代替不了众多的市场化投资对产业的支撑作用。

建立北斗专项基金的主要风险来源于惯性思维与方法习惯。只有摆脱国家资金投入"撒胡椒面"的方式，做到重点项目应集中人力财力物力，整合原有的关联资源，扶优扶强，强中选强，并形成可行的共建共享的长效机制，才能保障专项基金使用的有效性。基金所投入的有关基础设施和公共平台建设项目，必须落实在具备常态化、制度化运作能力的平台公司，与专业管理公司。各种投资项目必须有第三方监督、监理，工程化过程化管理。应率先建设，或者在具有明显优势的单位基础上，成立常态化的研发机构，包括新时空服务战略总体研究院、应用服务技术重点实验室、应用产品工程（技术）研究中心、服务产品工程（技术）研究中心，同时建立国家管理协调机构具体负责决策和指导有关工作，从而为产业的整体跨越发展奠定基础。

3.5.2 泛在智能位置服务是实践新时空信息服务的重要方向

1. 卫星导航是国家不可或缺的空间基础设施

卫星导航在国防安全、经济建设、社会生活中不可或缺，北斗系统已经演变成为重大的国家战略和国家行为，是国家能力、国际竞争力的重要标志，是国家重点发展的战略性新兴产业。在中国，以北斗系统为代表的卫星导航系统及其产业，其关键作用是提供时间与空间基准，以及所有与位置相关的实时动态信息。因此，北斗系统业已成为国家重大的空间和信息化基础设施，成为融合各种各样信息系统和相关产业的核心力量和共享基础，也成为体现现代化大国地位和国家综合国力与国际竞争优势的重要标志。它是经济安全、国防安全、国土安全和公共安全的重大技术支撑系统和战略威慑基础资源。也是建设和谐社会、服务人民大众、提升生活质量的重要工具。由于其广泛的产业关联度和与通信产业的融合度，能有效地渗透到国民经济诸多领域和人们的日常生活中，成为高技术产业高成长的助推器，成为继移动通信和互联网之后的全球第三个发展最快的电子信息产业的经济新增长点。北斗卫星导航系统的建设和营运，以及基于北斗应用的泛在智能位置服务的发展，已经逐渐成为中国未来智能信息产业发展的核心推动力。当前，以位置服务为主题的这种推动作用正在逐步增强、逐步壮大、逐步从量变到质变，将会推动新兴的新一代信息技术和智能信息产业的爆发性增长。

2. 北斗系统是大国崛起的重要标志

北斗系统是中国在今后 20 年间唯一真正能够突破大国重围、走向国际、参与强国竞争、服务全球的战略性新兴产业高科技项目，迫切需要高瞻远瞩的战略规划、着眼赶超的科技跨越、赢得主动的能力升级和服务全局的产业转型。卫星导航产业实现技术国际化和市场全球化的重任，历史性地落在了北斗行业从业者的身上。国内外产业及市场发展的现实经验告诉我们，必须要有整体上的大战略大策划。我们在系统整体技术与基础上落后国际先进水平 20～30 年，在应用与服务技术落后至少 8～10 年，为了摆脱落后，为了摆脱目前产业规模弱小、力量分散、市场杂乱的尴尬局面，改变无法适应产业蓬勃发展的客观现实，必须加速实现科学与技术、理论与实践的双重跨越。我们必须解决在基础设施和平台配套能力上的"捉襟见肘"，需要进行强化的能力升级。而导航产业正从室外正常条件下的服务进入室内外无缝服务阶段，进而开始发展各种各样恶劣、严酷和异常环境下的泛在服务，这将是我们产业跨越式发展实现赶超的重大转折机遇，是产业革命性的转型机会。中国拥有数量以十亿计的潜在用户群体，在今后的几年内均会要求提供泛在智能、实时动态、精准确保和融合共享的基于位置的服务，这是个重大而又迫切的使命，是不可推卸的责任和空前的严峻挑战。我们要通过北斗的应用与产业化运作，全方位促进信息产业的结构转型，推进"位置服务"国家联合行动，促进高端制造业、先进软件业、现代服务业和基础数据业的全面大发展、大繁荣，真正完成打造国家综合实力的历史责任。通过这一过程的实施与目标实现，我们也必将赢得国际话语权和影响力，体现大国风范，履行大国义务，赢得国际优势竞争力，从而为实现中华民族的伟大复兴做出贡献。

3. 中国北斗导航产业最大优势是拥有巨大的国内市场

今后相当长的一段时间，正是中国卫星导航产业关键的发展转折时期和最佳成长期。在这期间，中国北斗的服务能力将进一步提高并开展全球系统的建设，应当奉行积极开放的民用政策和国际合作方针，形成并实现 GNSS 的兼容互操作可交换功能；在这期间，中国卫星导航产业从幼稚走向成熟、从弱小走向强大、从封闭走向开放，应当进一步依托移动通信、移动互联网、汽车制造与服务这样的大产业基础，推动北斗导航功能成为所有机动车的标准配置，成为所有移动通信终端的标准配置。从而迎来移动位置服务和车辆信息系统市场爆发性增长期，实现产业的高速度、跨越式、规模化、可持续发展，形成自身产值数近万亿元，融合发展带动产值数万亿元的大产业。

4. 北斗导航产业是战略性新兴产业

北斗系统本身是国家整体创新发展战略的重要组成部分，以其为核心和基石，构建能够实现泛在位置服务和授时服务的"新时空服务体系"，进而促进新一代信息技术和智能信息产业的快速成长和强劲发展，将使北斗在肩负着推进发展战略性新兴产业重大国家使命的同时，很有可能也成为中国高技术领域在今后 20 年中唯一能够与国际接轨，并且走向全世界、服务全人类的重大技术系统和产业。这一战略目标的实现，将是国家和平崛起的重要标志，也将成为中国全球化市场发展的重要抓手和依托。

5. 未来规划的重点是抓好产业发展大方向和突破口

全面协调与管理、基础设施与投资、技术创新与攻关、国际合作与交流是解决当前北斗产业发展的壁垒与瓶颈的四大突破口，是产业发展的大方向，也是国家卫星导航产业中长期发展规划的重点议题。

值得强调的是，我们必须抓好国家卫星导航的总政策、总方针和整体规划，抓好国家级的导航定位共享平台和基础设施建设，抓好产业级的骨干群体和产业联盟与系统集成和资源整合，抓好企业级的关键技术联合攻关与市场壁垒重点突破，抓好以企业为主体、市场为导向、金融为纽带、效益为基础的"用、产、学、研、管"相结合的产业化发展模式。全面推进技术国际化、产品国产化、应用大众化、服务产业化和市场全球化的"产业五化"进程，形成产业体系、贯通产业链。把卫星导航产业打造成为高效低碳、绿色快速、持续创新、带动群体的战略性新兴产业，并为其成为战略性支柱产业奠定基础，为实现卫星导航大国，进而成为卫星导航强国的伟大目标奠定基础。

3.6 作为新时空理论实践的起点是要认真解决若干重大问题

3.6.1 北斗应成为中国卫星导航产业核心主体和关键推动力

北斗系统是国家重大专项，是建设创新型国家整体发展战略的一部分。以北斗系统为核心主体和关键推动力的中国卫星导航产业，是当前最具创新性和生命力的新兴信息产业之一，其基本的依据和六大理由为：一是卫星导航产业是名副其实的高科技产业，具有高成长高效益特点，是小投入、大产出的典型，是国家不可或缺的重大信息基础设施；二是卫星导航产业是朝阳产业，具有推进绿色发展、智能发展和可持续发展的强大潜力，将成为电子信息产业革命的生力军和国民经济重要新增长点，生命期至少为 50 年；三是卫星导航产业是巨大产业，可形成庞大的国内外市场，在若干年内以其为核心动力的智能信息产业市场规模能够达到数千亿元；四是卫星导航产业依托移动通信、汽车制造和互联网等大产业，能快速做大做强，实现跨越式发展；五是卫星导航产业具有广泛的产业关联度和工具开拓型功能特征，是改造一系列传统产业的革命性工具和利器，是实现多种多样产业向服务型结构转型的重要途径；六是卫星导航产业能够推进科技创新，实现新系统、新技术、新应用和新服务，是智能信息产业的领头羊、排头兵，能够带动新兴科技和产业集群的共同发展。

3.6.2 "十二五"与"十三五"期间是中国卫星导航产业关键期、攻坚期

在"十二五"与"十三五"期间，是中国，乃至世界卫星导航产业的关键发展转折时期。这一时期，全球卫星导航产业将从小到大、从弱到强，成为大产业，尤其是随着大众所普遍使用的汽车和手机上，导航功能将从选配演变为标准配置，这将导致大众化市场出现爆发性增长。在这一时期，中国卫星导航产业将实现根本性的大转折、大变化、大发展，实现产值上规模、技术上档次、人才上水平，形成产业发展体系和完善的产业链。到 2015 年产值将近 2000 亿元，用户数量接近 5 亿户，国家和行业所有的关键基础设施和部位上都能够用上卫星导航系统，北斗系统将成为信息基础设施的基础，成为安全守护神、效率倍增器、经济增长器、快乐发生器。在这一时期，我们应当充分利用国内外卫星导航发展的大好形势，全方位推动与卫星导航紧密相关的高端制造业，先进软件业，现代服务业，和综合数据业这四大产业的同步发展，瞄准方向，攻坚克难，在新时空理论的战略指导下实现跨越发展。

3.6.3 中国卫星导航产业需要国家总体战略与政策指导

一定要把北斗为核心主体的卫星导航产业纳入国家发展基础设施和技术支撑系统、培养战略性新兴产业、建设创新型国家和小康社会与社会管理体系、服务大国崛起和构建和谐世界等一系列国家整体发展战略。

当务之急是建立明确的统一协调管理体制机制，通过可行的国家级政策法规和行之有效重大举措，对产业发展形成常态化制度化的扶植。中国北斗

系统政策要想获得成功必须做到：第一，基础政策的公开、透明和长期稳定性；第二，配套政策的全面实施落地，主要包括四个方面的配套政策：一是军用政策，二是民用政策，三是国家安全、国土安全和经济安全政策，四是国际合作政策；第三，与时俱进、行之有效的管理，并实现协调统一的有效运作。

而这其中，首当其冲的是制定和发布中国北斗卫星导航政策，即为配合国家卫星导航中长期规划的落实，一是在现有的已批准宣布对外开放的基础上，选择适当时机，进一步明确中国北斗系统对国内外民用开放，国家承诺北斗长期、稳定支持国际民用服务等；二是制定国家统一的卫星导航产业技术政策，建立健全导航产业产品质量检测系统和机制，规范技术及市场行为，促进市场稳定、有序、健康发展；三是特别要加快制定与国家安全攸关的重要行业和领域使用北斗系统的强制性标准，并推行自主知识产权战略。在国际开放政策方面，应该认识和做到：开放透明的北斗系统民用政策，是北斗自身发展的需要，是中国既定的总体发展战略，向全世界开放，不收直接用户费；北斗系统也是中国在国际上体现大国风范的重要标志性工程，是长期起作用的因素，是加强国际合作的重要桥梁和纽带；北斗系统坚持与其他 GNSS 的兼容和互操作，开展多模式双边和多边合作，共同推进 GNSS 的应用与服务，以及技术国际化和市场全球化。

3.6.4 中国卫星导航产业需要建设国家级基础设施和科技平台

当前重要的问题是解决好产业共用的基础设施、共享平台和通用解决方案，尤其是室内外无缝导航的整体解决方案，以及国家科技研发与企业和市场需求、与经济发展和民生的对接问题。建议开展以下四个方面的工作：

1. GNSS 和非 GNSS 组合的室内外无缝导航系统总体解决方案及其示范工程；

2. 移动位置服务（LBS）和车辆信息系统（telematics）解决方案及系统软件，并突出优选集成，形成系列导航相关的终端主流产品的解决方案；

3. 卫星导航服务的支撑体系（观测、测试、网络、平台、工具），发挥发展研究、成果转化、规范市场与产业的重要作用；

4. 国内外合作与联合和总体策划（兼容、互操作和系统之系统，以及产业发展总体规划与项目策划和监理）。

3.6.5 中国卫星导航产业需要实现国内联合，推进产业联盟

产业联盟是一种重要的手段和管理创新的尝试，是适合当前产业发展形势需要的命运和利益共同体。其主要宗旨有三，它们是：服务政府和产业；服务用户和社会；服务企业和未来。在以市场为导向、企业为主体、效益为目标的"用、产、学、研、管"相结合的产业化发展模式中，产业联盟是最积极最有生命力的组织形式，是行业与市场的中坚骨干，政府与企业的沟通桥梁，产业与用户的牢固纽带，为实现科研、产业及其管理机制体制创新，开辟新路。通过产业联盟能把政府资源实现社会化共享，能把社会资源实现凝聚化集成，实现资源整合与共享，实现成果转化和商品化与产业化，实现国家资源效益最大化，最大限度地调动社会存量资源，实现"六个促进"：促进产业链的贯通与完善；促进产业基础设施的形成；促进资源共享平台的建立；促进技术创新集群的问世；促进国内外产业和企业的合作与交流；促进管理协调机制的改革和创新。

3.6.6 中国卫星导航产业需要大力推进产业的"五化"进程

必须抓住中国北斗系统建设以及 GNSS 演变的重要契机，大力和全面推进卫星导航的"五化"（技术国际化，产品国产化，应用大众化，服务产业化和市场全球化）进程。其中应首先充分利用当前产业发展的国内外大环境，同步推进技术国际化和产品国产化。而应用大众化和服务产业化的目标是将产业做大做强，应从国家发展目标出发，政府与企业要共同营造好一系列基础设施和共享平台。此外，要谋求卫星导航产业的快速、持续和跨越式发展，形成核心竞争力，从而实现市场全球化，这是中国实现从导航大国向强国转变的重要途径与标志。

3.7 北斗产业元年开创新时空服务的新纪元

2012 年年底，北斗系统宣布正式投入区域服务，这是中国卫星导航产业发展过程中的重大里程碑，因而人们自然而然地将 2013 年称为"北斗产业元年"。这就是说，从此中国的卫星导航产业，就是以北斗为核心推动力和主体进行发展，所以整个产业谓之"北斗产业"。

2013 年作为北斗产业元年的主要标志为：一是北斗区域系统（BDS）投入正式稳定运行服务，为中国和周边亚太地区提供定位导航授时服务，成为继美国的 GPS 和俄罗斯的 GLONASS 之后，全球第三个投入实际工作的卫星导航系统，而且正在稳步地向 2020 年提供全球服务迈进；二是 2013 年 8 月 8 日，国务院发布《国务院关于促进信息消费扩大内需的若干意见》，在拓展新兴信息服务业态一节中，专门强调要"加快推动北斗导航核心技术研发和产业化，推动北斗导航与移动通信、地理信息、卫星遥感、移动互联网等融合发展，支持位置信息服务（LBS）市场拓展。完善北斗导航基础设施，推进北斗导航服务模式和产品创新，在重点区域和交通、减灾、电信、能源、金融等重点领域开展示范应用，逐步推进北斗导航和授时的规模化应用。大力发展地理信息产业，拓宽地理信息服务市场"；三是 2013 年 9 月 26 日，国务院发布"国务院办公厅关于印发国家卫星导航产业中长期发展规划的通知"，这是到目前为止，国家针对新兴的信息产业发布的第一个中长期发展规划，勾画出至 2020 年的产业发展蓝图，而且计划部署包括基础工程、创新工程、安全工程、大众工程和国际化工程等五大工程。该规划还提出要落实的五项保障措施，它们是：加强统筹协调，形成发展合力；发布国家政策，推广应用服务；完善政策法规，优化发展环境；加强标准建设，提升发展水平；加大公共投入，鼓励产业创新。同时规划又再次强调至 2020 年产业的总产值达到 4000 亿元的目标；四是在 2013～2015 年这个北斗产业发展关键机遇期和重大挑战期内，旗开得胜，开了个好头，北斗应用终端数量超过 150 万台，达到了三年内实现百万、千万、万万台终端销售量三级跳的第一年目标。这是一个了不起的成绩，也是北斗产业新长征的开始。

北斗产业元年开创了新时空服务的新纪元，北斗产业的新长征也是新时空服务发展的新长征。我们正在并将要在五个方面实现重大突破：一是在汽车前装市场上实现重大突破，而且已经显示出初步成果。国产导航终端长期以来一直被排除在汽车前装市场之外的局面已经开始松动，而且出现大批量安装的发展趋势，这种趋势将有可能彻底摆脱中国前装市场远远落后于国际市场的前后装明显倒置的窘态；二是在智能手机应用中实现以北斗/GPS 为导航主要配置的大批量应用，将打开崭新的局面，而且这种转折局面的出现将指日可待。这是北斗大众化应用与服务的具有根本性格局转变的重大突破，因为中国是全球智能手机最大的市场，这种突破对于北斗产业将具有革命性的意义；三是高精度的宽领域、深层次、高水平的新应用、新服务的突破。北斗的高精度应用明显突破了原来高精度应用长期停留在大地测量等传统领域的局面，终端接收机销售量多年徘徊在 4 万～5 万台套的水平上，然而去年开始启动的驾驶员考试系统成为高精度应用的又一新兴领域，2013 年的装配量以超过两万台，明年就可能达到 4 万台。而精细农业和城市地下管网普查等方面的需求，也已经显露出来，前景不可限量；四是天地一体、室内外融合的泛在定位导航授时服务的体系化突破。这一顶天立地的突破，将位置服务这样的大众化大服务产业推向了国民经济各个领域和人民生活的各个角落，真正有望实现人们望眼欲穿的爆发性增长，打造杀手锏式的产业；五是在稳定开放政策的基础上，利用国内外一切有利于北斗产业发展的积极因素，实现了北斗在亚太地区的应用服务这一关键性的国际市场突破。应该指出的是，北斗系统可能是今后 10～20 年间中国高科技真正能够体系化进入国际市场、服务全人类的唯一系统，这是大国责任的体现，是和平崛起的需要，其意义是难以估量的。

北斗产业元年，新时空服务的新纪元，都是新长征的开始，以后的路程还很长。我们新长征的宣言书是：开放创新、引领融合、规模跨越、健康持续。这四句话，十六个字，表达了我们的思维观念、行动纲领、奋斗目标和发展模式。北斗产业和新时空服务产业将是开天辟地的大事，开放创新是我们的基本出发点和基础，要打破"天就是井口大"的局限性，只有站到时代使命、全球高度上，才能有大道无垠的开放心态，才能有永无止境的创新动力，真正打造世界一流的未来产业。北斗系统的关键作用是引领作用，其对时空信息的基础融合能力，是引领整个智能信息产业发展的核心主线。它将带动中国的智能信息产业实现快速的规模化发展，实现真正意义上的跨越发展，让信息时代的中华民族真正屹立于世界民族之林，为实现中国的百年复兴梦做出自己的贡献。而且在北斗产业发展过程中，将真正实现在多种技术系统和多个产业领域上的融合，从而为国家经济增长方式转变和产业结构转型做出货真价实的贡献，保障信息时代的中国经济社会能够健康发展，持续发展，这才是发展北斗产业，发展新时空服务的真正价值所在。跨越发展从这里开始！

第4章 新时空服务体系

4.1 新时空服务体系面临的形势概述

我们生活在一个崭新的科学技术革命时代，一个智能时空技术或者说是新时空技术革命时代，正在从事前人从来没有从事过的壮美事业，这就是以北斗系统为核心推动力的新一代信息技术革命和新兴智能信息产业革命，我们将实现新时空信息技术革命向智能信息产业革命的划时代跨越，我们将迎来新一代信息技术带动的智能信息产业革命伟大时代的降临。这是多么自豪、多么光荣、多么任重道远的历史重任和国家使命！

新科学技术革命，是以探索宇宙起源开始的，爱因斯坦的相对论揭示了宇宙的本质。"宇"是空间，无边无沿，"宙"是时间，无始无终，宇宙是物质组成，并在永恒的运动之中。归根结底，空间和时间是世界上最大的、最根本的两个参量，一切事物和事件都离不开它们。而卫星导航实现了空间、时间参量的一体化提供，高精度、高效益、实时动态产生，利用数十颗卫星就能够开展全球化全天候服务，体现了航天技术的强大威力，而卫星导航又是航天技术中的佼佼者。其本身就是一场重大的技术革命，是一场新时空技术革命，而它带来的重要意义远不止如此。卫星导航提供时空信息一体化服务伟大实践，仅仅是个序幕，一个新长征的开始，攻下的是新时空服务的第一个桥头堡，才是"冰山一角"。卫星导航把"时空"两字用蒙太奇的手法加以放大，让曾经只是高高悬挂在空中的时空抽象概念，真正从"顶天"的飘渺不定中，实现了"立地"的发展过程，成为与"国计民生"密不可分的一项应用技术，接上了"地气"。反过来，成为信息时代拥抱地球、人世、大众这样的伟大实践，进而发扬光大，推而广之，走向泛在应用服务的新层级，结出了"新时空"这样的理论与实践双丰收的硕果，这里的"新"字已经赋有崭新的科学理论与技术实践的创新意义和产业发展与社会进步不朽价值。

4.1.1 大转折时代的特色，与新时空一脉相承

当今时代所处的转折点，是工业文明时代向信息文明时代发展的重大转折点，这是前后两个文明时代交相辉映的时期，也就是工业化逐步退出历史舞台，而信息化逐步成为主角的阶段。从信息时代而言，是发展阶段的转折，它是从信息社会的数字化、网络化发展阶段，转变并且进入智能化发展阶段，实现信息产业的快速持续和跨越式发展，并被逐步证明业已成为必然趋势。

科学家最新研究在《科技想要什么》中得出一个惊人的结论：无论生命的定义是什么，其本质都不在于细胞、机体组织或肉体这样的物质，而在于看不见的能量分配和物质形式中包含的信息。信息社会、信息文明的共识，要建立在对历史长河的深刻认识之上。同样，随着科技的物质面罩被揭开，我们可以看到，它的内核也是观念和信息。生命和科技似乎都是以非物质的信息流为基础的。技术元素传送的信息有很少的一部分不是产生于已知的人造网络节点，而是完全来自于科技系统本身。技术元素在喃喃自语。对穿行于全球网络的信息流的进一步分析，揭示出它在缓慢改变组织规则。对于100年前的电话系统，信息在网络中以数学家所说的随机模式传播；但是在过去的10多年中，经过统计，情况发生了重大变化，数据的流动逐渐向自组织系统的模式靠近。首先，全球网络显示出自相似性，即通常所说的分形模式。我们这样形容这种分形模式：树枝粗糙的外廓无论是近看还是远观都相似。今天，信息以自组织的分形模式在全球电信系统中传播，这个观察结果不能证明自主性的存在，但自主性早在被理论推导出之前就已被事实不证自明了。

现在人们认为，世界或者宇宙的本质是信息，那么信息的本质和核心基础又是什么？是时间和空间，是时空信息。这又和世世代代以来，认为时空是宇宙的本质，不谋而合。这是一种螺旋式上升的发展过程，也是历史的与时俱进的成长过程，因此目前可以称为新时空信息服务发展阶段。总之，正如在本书开头指出的那样，"从宇宙视角看，信息是世界的主导力量，是天地乾坤的生命脉息记录及其演变的客观映射，科技则是发现、传播、利用信息的手段与途径，是信息大千世界的共生体。而时间和空间是信息的主体和生命过程关键特性的表征。"由此可见，在新时空服务体系中，在现实和虚拟世界中，信息是基础的基础，服务是根本的根本，时空具有重中之重的不

可或缺的地位。

4.1.2 产业发展呼唤卫星导航升级，泛在导航应运而生

包括北斗系统在内的 GNSS，又称天基 PNT（定位、导航、授时）系统，其关键作用是提供时间/空间基准和所有与位置相关的实时动态信息，业已成为国家重大的空间和信息化基础设施，也成为体现现代化大国地位和国家综合国力的重要标志。它是经济安全、国防安全、国土安全和公共安全的重大技术支撑系统和战略威慑基础资源，也是建设和谐社会、发展国民经济、服务人民大众、提升生活质量的重要工具。由于其广泛的产业关联度和与通信产业的融合度，能有效地渗透到国民经济诸多领域和人们的日常生活中，成为高技术产业高成长的助推器，成为继移动通信和互联网之后的全球第三个发展得最快的电子信息产业的经济新增长点。北斗系统的建设和营运，已经逐步成为中国卫星导航产业发展的核心推动力，这种推动作用正在逐步增强、逐步壮大、逐步从量变形成质变，推动产业的爆发性增长。北斗系统在国际上实现了两大创新：其一是把导航与通信紧密地结合起来，这种导航和通信的更进一步融合可能成为将来新一代卫星导航系统的发展方向；其二是混合星座的构成，将全球服务和区域增强服务组合在一起，将一般服务和重点保障服务能力有机地组合在一起，将原来分别建设的全球系统和区域增强系统统一地加以考虑，可以充分保障合理性和整体性。

由于卫星导航产业具有应用与服务的大众化、全球化特质，以及和通信与网络产业良好的互补性、融合性优势，因而具备成长为巨大产业的所有有利条件，且目前中国正处在其产业爆发性增长的萌芽期。在当前中国大力推进新一代信息技术和战略性新兴产业的大好形势下，卫星导航可以充分利用实现国家经济结构转型和经济发展方式转变的重大机遇，实现高速度、跨越式、可持续发展，在新兴的智能信息产业群体内独领风骚，具有引领性作用，有望带动相关产业共同发展、集群发展、整体升级，成为智能信息产业发展的核心推动力。

目前，GNSS 及其产业正处在大变化、大转折、大发展时期，GNSS 多系统并存和信息系统间的相互渗透融合成为大趋势。今后 10～20 年间将经历前所未有的四大转变：第一，从单一的 GPS 时代转变为真正实质性的多星座并存兼容共用的 GNSS 新时代，开创卫星导航体系全球化和增强服务多模化的新阶段；第二，从"以卫星导航为应用主体"转变为"PNT（定位、

导航、授时）与移动通信和因特网等信息载体融合"的新时期，开创信息融合化和产业一体化，以及应用智能化的新阶段；第三，从经销应用产品为主逐步转变为运营服务为主的新局面，开创应用大众化和服务产业化，以及信息服务智能化的新阶段；第四，从室外导航转变为室内外无缝导航的新时空体系的新纪元，开创卫星导航为基石的多手段融合、天地一体化、服务泛在化和智能化的新阶段。四大趋势发展的直接结果是使应用领域扩大，应用规模跃升，大众化市场和产业化服务迅速形成，其中美国的一系列 PNT 能力设计创新行动，很具代表性。它在大力推进 GPS 现代化和 GPS Ⅲ 升级计划同时，又在开展面向 2025 年的国家 PNT 体系架构研究，并推动其过渡演变计划，其重点内容是实现多种多样的技术与系统的集成融合，提高可维持性、可确保性、可替换性，实现真正的泛在服务。

4.1.3　泛在服务来源于市场驱动和科技牵引的双重作用

卫星导航应用在广度和深度上迅猛发展，卫星导航不仅广泛应用在航空的飞机和航海的舰船上，而且大量用于许许多多的机动、电动车辆，同时大批量进入智能手机和各种各样的便携式终端，因而进一步促进了人们对于位置服务的需求日益迫切，特别是对于泛在位置服务的需求越来越强烈。人们从卫星导航的行业应用为发端，逐步从生产应用进入生活应用，从专业应用进入大众化应用服务，发展阶段的不断升级极大地改变着人们的生产、生存、生活方式。自 1996 年美国联邦通信委员会（FCC）提出位置服务的概念后，市场的需求早已开始步入移动通信与导航技术的融合发展期和室内外无缝导航的技术发展期。

卫星导航系统给世界带来两个"出乎意料之外"：一是其应用如此广泛，以至于深入到国民经济与社会生活的方方面面。让当初的 GPS 系统设计者们都感到"出乎意料之外"，因此坊间流传着"GPS 的应用只受到人们想象力的限制"这样一句名言；二是卫星导航系统的信号脆弱性如此明显。由于卫星离开地球表面的距离相当远，所以地面接收到的信号相当微弱，几乎达到"弱不禁风"的程度，一个可乐罐大小、发射功率为 1W 的 GPS 干扰仪，可以使得方圆 10 多平方千米范围内的 GPS 民用接收机均不能正常工作；同时，导航卫星信号不仅仅受到多种多样的电磁干扰的影响，还受到各种各样的地形地物和建筑物的遮挡与屏蔽，以及太阳与地磁活动的影响，所以卫星导航系统并非原来宣传的那样，在任何时候、任何地方均能正常地让用户接收到服务信号。为此，必须在实现普适定位导航服务的过程中，需要整合其他技术系统与手段，构成集成融合系统，才能真正实现无时不在、无处不在的泛在导航服务。但是，就目前情况而言，在室外和许多开阔地带和偏远地区与海上，卫星导航仍然不失为一种基本的、优秀的技术手段，也是泛在导航的重要基础。

卫星导航是新时空技术的核心和奠基石，它与通信和其他物理手段组成的新时空技术体系，是多种截然不同的组构能力的集合，能够提供全时空、多手段、可互换、高可靠、无限量的泛在服务。新时空技术源于天基 PNT（定位、导航、授时），也就是源于包括北斗系统在内的 GNSS。显然，与天基 PNT 相比，新时空技术体系涵盖天基 PNT、地基 PNT、无线电 PNT、惯性导航、传统的天文和地磁方式导航，以及传统和创新的其他非 GNSS 手段及其融合等内容，其范围更宽广，意义更深远，构成更完善，功能更强大，真正成为无处不在、无时不在的国家基础信息设施，真正成为推进新时空技术体系为主体的信息技术革命，以及以智能信息产业为主体的新一代信息产业革命的重大决策依据和部署指导方针，真正成为服务国防安全、经济发展、社会进步和民生改善的重大技术支撑系统，真正成为中国大国崛起、强国奠基的重大里程碑和体现战略威慑力的重要标志。

尽管 20 世纪和 21 世纪的科学技术革命赋予了当今时代许许多多头衔，诸如"航天时代""电子时代""信息时代""数码时代""移动时代"、"互联网或者网络时代"，但就其实质来说是一场电子信息革命，这场革命经历了数字化、网络化等发展阶段，现已逐步进入智能化，也就是"智能信息产业"发展的新阶段。智能信息产业已经开始成为现阶段中国的战略性新兴产业的重要领域，成为电子信息产业这一国家支柱产业的新经济增长点的重要内容，从而也展现了新兴的新时空服务产业的旺盛生命力。

4.2 时空信息科学技术革命推进智能信息产业革命和以人为本的社会革命

20 世纪人类历史的一件大事，是发生了现代信息科学技术革命。这场革命不仅从根本上改变了劳动方式，极大地发展了生产力，而且对社会、政治、文化都产生了深刻的影响，迎来了高技术时代和知识经济时代。而 21 世纪的人类历史任务应该是将信息科学技术革命成果转化为新兴的产业革命。现代科学技术革命现阶段的方向和任务本质上是实现智能信息革命、生物医疗革命和能源环保革命，这是具有特定新质的革命。

4.2.1 如今的新时空信息服务革命，具有引领示范效应

现代科学技术革命首先是信息革命。如果说，以往的科技革命都是物质资源及其应用的革命，现代科技革命则使人类对劳动资源的应用转向信息资源为主。知识经济首先是信息经济，知识和信息资源具有许多物质资源无法比拟的优点，所以知识经济是比物质经济更先进、更合理的经济，是更加绿色、更加低碳、更加环保的经济。现代科学技术革命首先是"信息革命"，更加确切地说是"电子信息革命"。由于数字技术的发展，物质（模拟）信息转换为数字信息后，信息资源的作用就得到了空前的发挥。因此信息革命第一阶段可以称为"数字化革命"；信息革命的第二阶段是服务于信息的传输交换的"网络化革命"，当前正处在这一发展阶段，互联网，尤其是移动互联网的蓬勃发展就是例证；信息革命的第三阶段是实现信息的大众化采集、处理和应用服务的"智能化革命"，这是今后相当长时间人们孜孜以求的目标。而新时空服务在此期间起到了科技驱动引领和服务体验示范的关键性作用。

4.2.2 信息革命本质上是智力革命，或者说是智能信息革命

信息革命的基本任务是优化人的智力，超越人脑的局限性，信息革命最基本特征是使人类劳动日趋智能化，因为智能与信息（知识）资源的贡献越来越大，已远远超越体能与物质资源的贡献。所谓经济增长的科技贡献率就是这一特点的体现。这是人类历史发展的必然要求，也是人类文明发展的基本规律。劳动智能化的核心是计算机技术及网络技术的应用，达到超越个人智能的局限、促进智力碰撞、整合社会及人类整体智能。由此，这将从根本上改变人类的生存方式，实现认识方式、思维方式的革命性变化。科技革命与产业革命演变基本规律是，科学技术革命（科学革命、技术革命）领先开展，孕育并且迎来产业革命（生产力革命），最终导致社会革命。目前，新兴产业革命逐步从解决信息产生、处理、传输和发布的方法工具与基础设施，已经发展到解决信息内容本身，解决智能化应用和提供优质服务，创造价值的发展阶段。大数据和云计算等出现，就是其实践过程的必然。

4.2.3　世界是平的，为群体创新铺平了道路

　　网络成为人类的基本生活方式，"一网打尽"逐步从梦想成为现实（萨旺特·辛格，2014）。人类连接，或者说是镶嵌在巨大的社会网络上，如今人们的相互连接关系，不单单是人类生命中与生俱来的、必不可少的组成部分，更是一种永恒的力量源泉。现时代中，物质、医疗、教育、文化、艺术、技能、科技、知识、信息、数据等资源，悄悄地从过分集中、过分垄断、过分霸占、过分失衡的境地，通过各种各样有形无形的网络逐步走向分散、走向分享、走向平等、走向均衡（托马斯·弗里德曼，2014）。正如《链接》一书中指出的那样，链接是商业、科学和生活的新思维。它也是复杂网络的基石，还是大数据时代的开端。而《大链接》（尼古拉斯·克里斯塔基斯和詹姆斯·富勒，2013）一书使人们了解到社会化是互联时代的重要趋势，社会网络，不仅仅是"网络"，更是"社会"，会对人类的现实生产、生活、生存产生重大影响，成为一种方式。网络连接是一种点与点之间的扁平关系，不同于层级之间的上下分层关系，这也是扁平化与金字塔组织在结构上的差别：前者是灵活自组织，后者是机械他组织。社会网络理论表明，只要通过六个中间人，你就可以联系到全世界任何一个人，这就是所谓的六度分隔理论，这是一种"弱连接"原则，而《大链接》提出的是"三度影响力"的"强连接"原则，就是"朋友的朋友的朋友"之间的连接。"弱连接"只是传播信息，而"强连接"才能引发行为。社会网络的强连接，重要的是能够发挥社会影响力，对于连接与被连接人之间产生心理、认知、行为和状态的影响。更加重要的是"强连接"经过研究表明，它的三度影响力是可以定量测量的。物以类聚，人以群分，三度影响力的"强连接"将成为未来社会化计算的重要理论基石，并在社会网络中发挥独特的不可替代作用。"强连接"不仅仅显示出社会网络影响到个人，更加重要的是，提出了个体行为形成网络中的社会传递和行为传播，进而会影响到整个网络的可能性。社会网络影响着我们的选择、行为、思想、情绪，甚至是我们的希望和预测。社会网络让人们看清过去、现在和将来的世界，以及影响到修身齐家治国平天下。

4.2.4 网络革命真正含义是在群体创造崭新时代，在于集体智慧

网络时代的大连接，促进大合作，迎接大挑战，依靠群体的智慧和力量，通过群体的协同攻关，和包容一切的"众包"模式，极其高效地跨越大数据、云计算领域的重重叠叠的障碍和壁垒，焕发出互联互通的创造力、爆发力和永续力。每个个体用自身的点点滴滴的思想火花，通过网络放大，进而影响到更加广大的人群，点亮社会网络的燎原之火。一个由广大群体组成的网络具有异乎寻常的生命力和创造精神。道义存在于群体之中，而不是个体之内。网络连接形成的群体，网络具有涌现特性或者说是溢出效应，这就是整体大于部分之和。整体因各个组成部分的相互连接和互动呈现出新的特性，这种特性只有整体才能具备，任何组成部分均无法具有（克莱•舍基，2012）。在巨大的社会网络上，人们通过"强连接"原则发现，由于地理位置、经济条件、社会地位、种族特点、政治派别和其他种种因素，在网络上分为不同的群体。每个群体都有自己的集体特性，正是这些集体特性，往往使得群体中的人，在行为上不可思议地保持一致。小群体，或者说是"小世界"可能是一种网络时代的演变趋势，因为这样更加高效、更加利于实现互通互联互动互助。网络发展出现两种完全不同的倾向，网络分布越来越广大深化的同时，网络分布式碎片化特性更加突出，成为新常态，因为后者才是人类社会发展的大趋势，网络的复杂性和个性化发展是一对孪生兄弟，而个性化、人人化才是发展的真谛。"网络人"的特性，是希望实现自我价值，连接就成为天性，希望表达、展示、发挥影响力和了解客观需求，希望利他与合作，希望提高实现自我目标的能力，这是源动力所在。

与蚂蚁、蜜蜂、企鹅和黑猩猩一样，人也是社会性动物，相互之间会形成群体。互相建立关系，实现连接和沟通是必然之计，基因使然。社会网络提供了一种最为便捷的连接方式。连接从现实世界，走向网络（虚拟）空间、在线生活，拓展现实生活中的人类互动，虚拟世界中的化身让现实行为更加自信。互联网的高度发展，让社会网络原有的互动形式发生根本性的彻底变化，主要表现为四种特性：巨大性、集体性、专业性和虚拟性。高度体现群体性智慧的力量（兰•费雪，2013）。其中典型的案例，非维基网站莫属。维基网站的维基百科的设计思想，就是众包模式，通过一群人的通力合作，形成的资源让大家分享。于是，成千上万不起眼的友好行为，成就了一

个新的威力巨大的信息源。这集中反映的是群体的无比强大的智慧和力量。当然，这只是网络世界在线上和线下发展长河中的一个小小的浪花，仅仅是个良好的开端。

4.2.5 信息产业的科技与产业革命是一场信息流、时空流革命

信息时代，以绿色低碳、智能泛在、实时移动、互通互联、全息分享、精准确保为特点，一言以蔽之，就是一种"流"的概念，世界万物，或者说是宇宙万物，均处在不断的运动变化之中，这是所谓的世界流，实质上是物质流、信息流和时空流。时空流代表世界上所有的一切，都是在四维时间加空间中流淌，形成宏大的历史画卷。万物流动的概念是世界永恒的特点，不是一时一地的偶然事件，而是一种常态性现象；万物流动的概念也是一种连续不断地发展演变过程，这也是时间空间连续性的体现、时空一体化的发展过程；万物流动的概念，还是一种千千万万种个别事件的集合与汇总，是个别事件组成的汪洋大海，由于时空的一体化性能，确保了每个事件的唯一性，从而确保信息时代的智能化运作与实现成为可能。在信息时代，数字化产生的大数据，通过网络化的大链接，造就信息时空大流淌，再借助于云计算实现智能化采集、传输、处理与服务，这一切能够圆满完成完全是在时间和空间的精准度保障下，才能实现。现今时代，时间的高精度，是史无前例的，由于原子钟技术的保证，使时间精度达到了登峰造极的地步，目前原子钟可以达到百亿年才会出现一秒钟误差的水平；高精度距离的量测，也完全可以用时间量的精准测量加以实现。这种时空技术的制高点的占领，为智能信息产业革命的推进铺平了道路。

4.3 信息产业需要实现战略性升级改造和走向智能信息产业的跨越发展

当前，世界范围内生产力、生产方式、生活方式、生存方式、经济社会发展格局正在发生深刻变革。培育新的经济增长点、抢占国际经济科技制高点已经成为世界各国发展大趋势，科技竞争在综合国力竞争中的地位更加突出。信息网络技术的广泛应用，不断推动生产方式发生变化，互联网、云计算、物联网、科技服务、知识服务、智能服务的快速发展为个性化制造和服务创新提供了有力工具和环境，实现智能发展、可持续发展。智能发展，就

是要推进信息化（数字化、网络化、智能化）与工业化融合，实现互联互通、信息共享、智能处理、协同工作，提高社会运行效率，不断创造新的市场、新的就业形态以及新的经济增长空间。

在现代社会中，信息产业已经成为一个巨大无比的产业，成为国民经济的支柱产业。当前的重大问题是，在大量的信息需求无法满足的同时，还有大量的信息因为闲置而造成浪费。这些闲置信息往往会因为"投错胎"或者"生不逢时"而沦落为垃圾信息，垃圾信息又成为社会的一大公害。怎样打破信息的不通畅、不对称、不平衡、不分享，使得需要信息的人在合适的时间和地点获得有效信息，让各种各样的信息能够在合适的时间和地点提供给合适的人应用，这是现代信息社会迫切需要解决的问题。

必须大力发展信息网络科学技术。要抓住新一代信息网络技术发展的机遇，以新时空技术和卫星导航技术来创新信息产业技术，以信息化带动工业化，以智能化带动现代化，发展和普及互联网技术，加快发展传感网技术和物联网技术，重视网络计算和信息存储技术开发，加快相关基础设施建设，积极研发和建设新一代互联网及其智能化应用和服务，改变中国信息资源行业分隔、核心技术受制于人的局面，促进信息共享，保障信息安全。要积极发展智能宽带无线网络、先进传感和显示、先进可靠软件技术，建设由传感网络、通信设施、网络超算、智能软件构成的智能基础设施，按照可靠、低成本信息化的要求，构建泛在的信息网络体系，推进国民经济和社会信息化，以及信息的智能化应用与服务，使基于软件、数据和知识的智能信息产业逐步发展壮大，逐步演变成为重要的新兴支柱产业。

4.3.1 智能信息产业是信息产业作为战略性新兴产业的核心内容

可持续发展是现代化永恒主题，人类文明进步呼唤着可持续发展和新科技革命。中国正面临重大机遇和严峻挑战，需要依靠科学技术实现中国可持续发展，依靠科学技术形成少投入、多产出的生产方式和少排放、多利用的消费模式，走出一条生产发展、生活富裕、生态良好的新型信息化和城镇化道路，构建信息智能化应用与服务的智能信息产业是个重要出路。

科学选择战略性新兴产业非常关键。选对了就能跨越发展，选错了将会贻误时机。战略性新兴产业必须掌握关键核心技术，具有市场需求前景，具备资源能耗低、带动系数大、就业机会多、综合效益好的特征。目前中国经济运行中的最大困难，就是外部需求急剧减少，而且将来在相当长的时间也很难恢复到 2008 年危机之前的水平。在这种情况下，一部分产业就暴露出产能过剩问题，而其中又有一些产业没有掌握核心和关键技术。面对这种情况，我们必须重视发展战略性新兴产业，要在最有基础、最有条件的领域突破核心和关键技术。

选择战略性新兴产业的科学依据是什么？最重要的有三条：一是产品要有稳定并有发展前景的市场需求；二是要有良好的经济技术效益；三是要能带动一批产业的兴起。以卫星导航为核心基础的新时空技术，及其推动的智能信息产业，最为符合这三项要求，而且优势明显。

4.3.2　卫星导航系统是新时空的核心基础

空间信息技术，或者说是新时空技术，它所面对和需要推动的产业，是个战略性新兴产业。这个产业是以北斗系统重大专项为核心推动力，以高分重大专项为代表的对地观测和地理信息系统为两翼的"智能信息产业"。卫星导航技术是航天技术的杰出代表，数十卫星实现全球覆盖，实现了时间空间信息的一体化提供，成为整个新时空服务体系的发端和核心基础。

4.3.3　国际四大卫星导航全球系统互补竞争态势初步形成

随着卫星导航系统巨大政治、科技、经济和社会价值的日益凸显，美国、俄罗斯、中国、欧盟均计划在 2020 年前，对各自掌控的导航系统，投入相当于百亿美元以上的巨款，着力完善系统建设，提升服务能力，极力保障持续稳定运营。同时，随着以时间空间为主线的时空信息服务的产业化发展，及大众对信息消费需求的不断提高，卫星导航应用覆盖范围和服务领域在不断拓展深化，国际间的竞争已由系统先进性的比拼，升级为对巨大的时空信息应用与服务市场的争夺，而且初步形成了各系统间竞争与互补并存的战略发展态势。

4.3.4　泛在时空服务将要成为智能信息产业发展主流

随着卫星导航技术越来越广泛深入的应用，其技术局限性和固有的脆弱性缺点逐步暴露，使得众多的天基与地基多模增强与互补系统，以及室内外定位融合系统，逐步成为卫星导航系统的有效补充和替代互换系统。各国均在探索高可用性服务系统，通过 GNSS 的兼容互用，无线电系统和光声电磁与机械惯性传感器等技术组合，尤其是导航与通信服务全面整合，实现无处不在、无时不在、无所不在的泛在时空服务，正成为未来智能信息产业发展的主要潮流。这是一种堪称为根本性的变革的重大的产业升级。

4.3.5 北斗"热"需认真应对和准确引导

全国出现北斗"热"，北斗科技产业园等如雨后春笋，但整体上"雷声大，雨点小"，观望情绪和同质化现象严重，亟待积极、准确引导。其一，不能就事论事地为推广北斗而推广，不能停留在炒作名字概念，而是从国家战略和国家行为的角度，从其本质上拓展上升为新时空服务概念，通过良好性能和质量使其成为一切智能信息终端和服务产品的标准配置和共享资源，揭示其融合性创新发展和服务国计民生的广义作用；其二，推动北斗时空参量成为一组强大的不可或缺的工具，成为网络时代所有信息流的导向监控、溯源预测、智能服务的关键要素，是信息安全、诚信保障和准确使用的守护神，是诸多新兴信息产业的领头羊；其三，促进以卫星导航为主要基础的时空信息服务产业，成为实现产业结构转型和经济增长方式转变的重要抓手，作为核心驱动力和主线，全面推进智能信息产业长足发展。为此本着国家做好政府宏观引导的大事、集中力量办大事的精神，需要快速出台创新性的重大政策，突出重点，加大力度，集中投入重大资金，整合创新资源，形成创新合力，共享创新成果，构建有助于突破产业瓶颈的若干重大基础设施、重要公共平台和关键性系统解决方案，促进行业共建共享共赢，从而带动产业全方位、多层次、高效益地增长，促进产业快速、持续发展。

4.3.6 产业有望短期内实现由小到大、由弱到强的跨越发展

当前中国卫星导航产业整体上存在"规模小、布局散、市场乱、效益低"的现象，企业生存发展也面临严峻挑战，这种现状尚难承载北斗系统带来的产业发展历史机遇。随着北斗系统的建立，中国卫星导航产业的自主发展有了依靠和发展支撑，获得了强大的核心驱动力，中央与地方政府相关部门、机构和企事业单位，以及大中小企业和社会各界，都以前所未有的热情和力度投身于推动自主系统应用和产业这一伟大事业。只要思维正确、规划

得当、措施有力，完全有望在近期突破这些瓶颈阻碍，将产业推向健康发展、跨越发展的康庄大道。新时空服务体系化建设过程，需要作为全民同创的历史共业，也需要保持开放心态，集全世界科技与产业精华，在"自主可控"的条件下，大力推进国内外合作联合，利用一切可以利用的积极因素，将新时空产业在尽可能短的时间内做大做强，形成规模效应、品牌效应、集群效应，打造国际化的具有全球影响力的大公司大市场，实现产业的迅猛发展。

4.3.7 促进产业生态体系化建设形成全面推动时空服务的创新合力

时空信息的应用与服务，遍布国民经济的各个领域和大众生活的各个方面，涉及高端制造、先进软件、现代服务、综合数据四大产业，包含安全、专业和大众三大市场，极其需要从新一代信息技术和智能信息产业发展的高度上，进行整体性规划，实现统一部署和统筹推进。多系统多领域融合与时空应用服务的体系化建设，既能帮助中国北斗产业摆脱单一系统"独木难支"的困境，也能充分发挥新时空服务在智能信息产业发展中的领军统帅作用、基础支撑价值，实施好大企业、大品牌、高水平产业群体建设的赶超跨越大战略，从根本上保障优良技术成功孵化，优质资源有效聚合，优秀企业茁壮成长，优质产品与服务广泛深入的推广应用。

4.3.8 作为智能信息产业核心的卫星导航产业的发展前景

未来的 GNSS 具有四大特点：一是多层次增强，在全球星座系统之外，有区域系统和局域系统对其进行增强；二是多系统兼容，通过 GNSS 兼容与互用的合作，实现 L1、L5 等民用信号的互用共享；三是多模化应用，除导航外，还用于定位、授时、测向，充分发挥其功能与能力；四是多手段集成，除卫星星座及其增强系统外，还利用非卫星导航手段，如蜂窝移动通信（UMTS）网络、WiFi 网络、Internet 网络、惯性导航、伪卫星、无线电信标等，旨在形成一个以 GNSS 为主体的 PNT 应用服务体系，真正做到任何时候、任何地方、全时段全空间的无缝服务，实现产业的全球化、规模化、规范化和大众化发展。

面对 BD-2、GPS、GLONASS、Galileo 四大系统 100 余颗工作卫星在天

空中盘旋的局面，用户有个最优化选择和最佳化应用的问题，而四大系统及其他卫星导航服务供者的各大强国必须认真思考和实现 GNSS 的兼容与互用，以及探索新一代民用 GNSS 体系的建设方式和实施办法，在可能的条件下酝酿共建共享的问题。

中国卫星导航产业的主要优势是有巨大的应用和服务市场，特别是大众化市场，主要依托两大产业，一是汽车制造业，即导航的车辆应用及其服务，二是移动通信和网络产业，即导航定位手机及相关服务。汽车业的高速发展，中国已经是全球汽车生产和消费的数一数二的大国，近年来，中国的汽车产销量已经达到 2000 万台大关，汽车的社会持有量超过 1.5 亿台。中国的移动通信市场是世界第一的大市场，用户数量已经接近并将超过 13 亿。预计在未来的五年内，卫星导航基本上可以成为汽车和移动手机的标准配置，每年至少有上千万台汽车和成亿部移动电话，具有导航功能的迫切需求。在用户数量猛增的情况下，卫星导航行业的总产值自然会快速的稳定增长。其 2013 年总产值超过 1000 亿元人民币，到 2015 年会接近 2000 亿元，2020 年的总产值可达到 4000 多亿元，与 2008 年相比增加了 10 多倍。

4.3.9　信息智能化服务是新兴信息产业发展的重头戏

在当今的信息社会中，信息满天飞，信息泛滥，垃圾信息扰民。怎样使得信息能够各在其位、各得其所，必须实现信息智能化，保证信息在应该到的时间、到达应该去的地方，为所需要的人员或者事情使用，解决人找不到所需信息、信息找不到人合理使用的困扰。人们使用的信息中，最大量最重要的信息是时空信息，它们几乎占信息总量的 70%～80%。所以新时空技术、位置服务产业是发展的必然。

能够有效提供时间空间信息的高技术，首先要数卫星导航系统。卫星导航系统的数十颗卫星，就能够在任何时间为全球任何地方提供时间和空间信息服务，这是其他任何系统无法比拟的。卫星导航能够为世界上任何的人与物，不管其是有生命的，还是无生命的，不管其是静止的，还是移动的，都可以贴上时间或者空间位置的标签，而且具有实时动态和高精度的性能特性，时空标签支持人与物实现有序流动，达到人尽其才、物尽其用、货畅其流，这是智能信息产业的基础。

中国要实现经济结构转型，要发展战略性新兴产业，要建成创新型国家，目的是摆脱落后。首先是技术上的落后，首当其冲是克服在技术转化和推动产业上的落后，一定要用高技术作为核心推动力。其二要进行理性的选择，首选方向应该是信息通信（ICT）技术领域，具体领域首推智能（空间）信息产业（简称智能信息产业），因为它是无可争辩的发展潜力最大的战略性新兴产业，并且能够通过培育很快地转变为战略性支柱产业，其主体是以卫星导航技术为核心推动力的空间信息技术（卫星导航、地理信息和对地观测组成的所谓3S技术）。其三，当前正是"十二五"规划的关键时刻，也是"北斗二代"和高分重大专项开始实施的关键时刻，还是中国卫星导航产业将要进入快速增长的关键时刻，需要抓住这种百年难遇的机会，充分利用好发展智能信息产业的天时、地利和人和等所有有利条件。特别值得指出的是，智能信息产业能够把目前社会上流行的许多概念，如传感网、物联网等，本身就需要用新时空技术把它们串联起来，而且主线泾渭分明，重点突出，产业集中聚焦，具有明显的可操作性。

4.3.10 中国新时空服务是智能信息产业的核心动力和发展主线

时空服务体系业已成为信息领域，在神州大地上普遍深入展开的新兴产业的集中代表，成为贯通一切的核心要素，成为融合一切、战胜一切、实现跨越发展的强大智能武器。

从当前的北斗系统应用产业发展进程中，新时空服务体系抓住了北斗系统一体化提供的时间空间参数能力的良好机遇，能够作为关键要素和核心主线，针对国家在"创新驱动，跨越发展"过程中，尤其是在推进新一代信息技术和智能信息产业跨越发展中，所面临的重大难题和战略瓶颈，探索寻求解决问题的理论、方法与策略举措。新时空服务体系在提出技术融合和产业融合发展模式的基础上，明确勾画出现阶段的方向与任务：从国家安全战略与经济社会发展全局出发，创建前瞻性的时空服务理论，并以北斗系统所提供的时间空间信息为基础，聚合多种卫星应用，融合多项系统技术，整合多样数据资源，构建天地一体、无缝覆盖、功能强大的时空信息服务网络，建立国家不可或缺的安全高效、自主可控的时空服务体系与平台，提高对全球信息资源掌控治理能力，打造开放创新、融合集聚、跨越发展的综合竞争力，为推动中国特色智能信息服务产业的国际领先发展奠基铺路、添砖加瓦，为实现"中国梦"的"两个一百年"鸣锣开道，添砖加瓦，铺平道路。

总之，时空服务体系是个完整的概念，时空是指"泛在时空论"科学理论基础和"全（多）源导航学"技术实践平台，服务是指"智能服务观"产业经济和社会发展生态体系。这是在网络时代和信息社会大背景条件下，时空服务体系为龙头的科学技术革命，用以推进具有泛在智能、实时移动、精准确保、全息共享、绿色低碳、服务大众等一系列特色的智能信息新兴产业革命的抓手。

4.4　空间和时间信息是智能信息产业的基础和主体

卫星导航是智能信息产业这样的战略性新兴产业的核心推动力，是当前最具有创新性和生命力的新兴信息产业之一，其基本的依据和六大理由为：一是市场的发展已经证明卫星导航是名副其实的高科技产业，具有高成长高效益特点，是小投入、大产出的典型，是保障国家的经济发展、社会进步和人民幸福不可或缺的重大信息基础设施；二是相比本身具有的巨大潜力，卫星导航还是朝阳产业，具有推进绿色发展、智能发展和可持续发展的强大发展空间，将成为电子信息产业革命的生力军和国民经济重要新增长点，生命期至少尚有50年；三是中国的卫星导航将发展成为巨大产业，可形成庞大的大众市场、专业市场和生命安全市场，在若干年内以其为核心动力的智能信息产业市场规模能够达到上万亿元规模；四是卫星导航依托移动通信、汽车制造和互联网等大产业，能快速做大做强，实现跨越式发展；五是卫星导航具有广泛的产业关联度和工具开拓型功能特征，是改造一系列传统产业的革命性工具和利器，是实现众多其他产业向服务型结构转型的重要途径；六是卫星导航能够推进科技创新，实现新系统、新技术、新应用和新服务，能够带动新兴的科技和产业的集群发展。

智能信息产业的发展还具有以下的良好机遇：

4.4.1　智能信息产业将成为新兴信息产业的核心推动力

作为战略性新兴产业，其必备条件是具有新兴和战略性两大特征，新兴是指必须是高技术领域，具有核心和关键技术作为产业支撑基础与发展依托，同时它必须是国家和社会发展的产业方向和人民大众的迫切需求长远需求，而以卫星导航、地球遥感和地理信息为要素的空间信息技术，在国家中长期发展重大专项中占有重要地位，确立了以"北斗""核高基"和"高分"为代表的专项，为智能信息产业发展壮大奠定了基础，指明了发展前景和方向。

4.4.2 "北斗"为智能信息产业的跨越式发展创造了前所未有的大好时机和环境

"北斗"等重大专项创造了智能信息产业空前良好的发展机遇,成为推动产业发展的核心动力。智能信息产业是在现有许许多多电子信息产业中升华和羽化出来的战略性新兴产业,成为新兴产业新的经济增长点,有强大的产业基础支撑、巨大的应用服务需求、硕大无比的市场发展前景,能够实现产业的高速度、跨越式、可持续发展,成为其他一些产业望尘莫及的新兴产业。

4.4.3 智能信息产业是智能化技术集合和产业群体

智能信息产业是新兴信息技术的集合和战略性新兴信息产业集群,它是一系列信息智能化领域的组合:智能网络(包括云计算)、智能传感、智能通信、智能交通、智能物流、智能社区、智能电网、智能办公、智能管理、智能大厦、智能家庭、智能健康管理、智能车辆、智能手机、智能数字助理、智能位置服务……,所涉及的方面,不胜枚举。

应该指出,只有把北斗系统作为核心推动力,形成 GNSS 的天基 PNT(定位、导航、授时)与其他多种多样的 PNT 手段的相互融合集成,构建泛在 PNT 和空间信息组合服务平台,形成以新时空技术为主体、由传感网、物联网和云计算网络组成的时空位置服务系统为基础设施的智能信息产业体系。

4.5 中国新时空服务体系的定义、必要性和整体框架

4.5.1 中国新时空服务体系的定义和需求要素概览

1. 中国新时空服务体系的定义

面对美国推出的 PNT(定位、导航、授时)概念,我们从信息时代的宏伟发展前景出发,提出"新时空"这样的科技领域概念,既囊括了 PNT 所有内涵,同时又在更高的层次上、更大的体系内、更前沿的领域中,确立

新时空这一概念。"新时空"定义为：具有扎实科学理论底蕴的时空概念和具有"泛在智能、信息服务"时代特色的时空一体组构能力，实现全新的数字化网络化智能化对接、组合和融合、与跨越式发展，形成完整的面向地球、面向产业、面向人类大众，能够提供全时空、多手段、可互换、高可靠、无限量的智能时空信息服务。今后50至上百年时间内，人们将以卫星导航系统为基石，集成光学、声学、电学、磁学、机械学多种多样的物理手段，融合有线、无线、互联、物联、传感、超算等一系列网络系统与技术，形成可互补、可交换、可替代、可共享的信息标准与资源，形成新时空服务体系，实现包括地下（和水下）与深空在内的海陆空天所有空间，和每天24h所有时间，以及正常与异常、平时与战时、室内与室外所有环境条件下的时空信息泛在智能分享服务。

新时空源于卫星导航（即天基PNT），包括北斗系统在内的GNSS。但与GNSS相比，新时空服务体系涵盖天基、地基、无线电、惯性导航手段、传统的天文和地磁方式，以及创新的其他非GNSS手段，其范围更宽广，意义更深远，构成更完善，功能更强大，真正成为无处不在、无时不在的国家基础信息设施，真正成为服务国家安全、经济发展、社会进步和民生改善的重大技术支撑系统，真正成为中国大国崛起、强国奠基的重大里程碑和体现战略威慑力的重要标志。

国家新时空技术体系应该考虑的结构性要素包括产品和服务的提供者、产品和服务的用户群、服务和应用的物理环境、需求和能力的不同应用以及新时空信息产生、采集、存储、传输和分发的所依托的技术资源和手段。应该指出，现代信息社会中的根本流程要素是：泛在感知、物联互通、智能应用，这是一切科学研究、生产制造、应用服务的出发点和落脚点。

2. 北斗系统和GNSS是国家新时空服务体系的核心与基石

新时空服务体系是从GNSS，即天基PNT概念发展而来的，所以包括北斗系统在内的GNSS是其核心、要素、主线和基石。同时新时空体系还包括与其他非GNSS的PNT手段的集成整合（含传统的无线电、地图、惯性、磁力导航等方法），还要不断实现技术创新以及与其他系统的融合。

3. 国家新时空服务体系架构研究的必要性

当前，全球导航卫星系统已从单一的GPS进入到多系统并存的GNSS发展转折阶段，同时卫星导航又正在进入与各种各样的通信系统集成和融合发展的转折阶段，此外卫星导航大众化应用与服务还迫切要求实现室内外无缝的新时空服务发展转折阶段。这一系列发展转折需要进行 GNSS 的系统们之系统（System of Systems）的研究、导航与通信的融合创新研究，以及多系统多模式多层次的资源整合和管理体制机制创新，需要从整体全局上、国家战略层面上、产业发展高度上、缩小与国际先进水平的巨大差距上、更加长远的时间周期上，对国家新时空体系架构进行研究，制定新时空体系发展路线图，以便认清形势、凝聚目标、集中攻关、实现跨越，从而彻底摆脱由于缺乏战略研究、预先研究、基础研究所造成的总体上的盲目被动和技术上的捉襟见肘，以期在"北斗"这样重大的工程实施和系统运营中，在总体上赢得主动，在以新时空技术为支撑系统的智能信息产业推进中的技术上赢得主动，在错综复杂的国际市场竞争中赢得主动，进而赢得话语权和竞争力优势。

4.5.2 新时空服务体系必要性主要表现在三个方面

1. 摆脱落后，实现跨越式和可持续发展的需要

北斗系统建设，卫星导航应用更加广泛，深入人心，但是与国际先进水平相比，我国在系统技术上落后近 30 年，无法用常规方式实现赶超，唯一办法是采取非常规革命性手段，从更高、更远、更深的层次上，实现创新突破，构建新的体系，服务长远，指导现在，引领产业，实现跨越。

2. 卫星导航遭遇困扰，需要根本性突破，创造新机遇

卫星导航具有无可争辩的优越性同时，遭遇不同物理条件（如电磁干扰）脆弱性壁垒和泛在工作环境（如室内、地下、水下）瓶颈困扰，需要新时空体系所包括的多种多样物理手段与时空技术继承和创新实现全面突围。

3. 产业处在大转折大发展时期，需要大战略大策划

从国家大战略、市场大需求和产业大发展角度，需要大策划大总体大资金，用新时空体系这样的大战略指导产业升级转型，指导新一代信息技术和智能信息产业集成创新和可持续、跨越式发展，赢得国家竞争力优势和国际话语权。

4.5.3 新时空服务体系框架和内容要点

国家新时空体系架构包括：目标愿景、发展战略，以及三大组成分体系。这三大组成分体系分别是：统一规划与协调管理体系、技术创新与系统集成体系、应用服务和产业推进体系。

4.6 中国新时空服务体系的愿景、体系概念、战略思维和体系的主要组成及其延伸

4.6.1 目标愿景与体系概念

立足赶超和跨越发展，目标是达到国际领先水平。通过以北斗系统为核心和主体的卫星导航作为奠基石，通过国家政策和资金作为黏合剂和风向标，发挥集腋成裘、聚沙成塔的不可替代的作用，促进总体策划、资源共享、集成整合和合作联合，实现中国逐步成为新时空技术与产业大国和强国的伟大抱负，确保在时空体系的综合实力和核心竞争力方面进入国际前三甲。具体目标为：2015 年在应用与服务市场规模上达到世界前列，2020 年在应用与服务技术上进入第一梯队，2030～2040 年在系统和体系技术上名列世界前茅，实现全方位多层次的跨越发展。体系战略的概念体现在以下几个方面：

1. 统一规划与协调管理体系

建议成立中国新时空体系管理机构，负责新时空体系的政策法规、标准规范的审批发布、重大项目的决策部署和协调管理，管委会下设置负责日常事务的管理办公室和从事决策咨询与技术体系建设和运营指导监督管理的专家委员会，以及若干专门领域的协调组和工作组，管理办公室正副主任由领导小组派员或者由其成员担任，且以民用部门为牵头实施单位。

2. 技术创新与系统集成体系

在定位授时领域内，技术创新与系统集成体系实现三个层次的融合：有源和无源系统、导航和通信系统的体系级融合；天基与地基、有线与无线系统的一体化融合；以及室内外多种物理手段互补互用互换和导航、遥感、地

理信息系统的集大成融合。

3. 应用服务和产业推进体系

体系的应用需求，来自国防军事、国民经济、商贸民生、科学研究四大领域，形成生命安全、行业专用、大众消费三大市场，支撑产业有高端制造业、先进软件业、现代服务业，及其独有的综合数据业，用户范围涉及海陆空天与地下、水下和深空，形成信源提供、生产制造、系统集成、应用服务为主要环节的产业链，以及由技术创新、金融服务、产业推进、条件保障四大部分组成的产业发展生态体系。这一体系就其庞大复杂和关联度与带动性而言，可列为中国七大战略性新兴产业之首，构成新一代信息技术和智能信息产业的核心要素和共用基础。只有政府部门机构、企事业单位、社会各界共同努力，才能达成产业整体全方位扩张、良性循环发展。

4. 新时空服务体系的顶层设计和总体构成

中国新时空服务体系是系统们之系统的复杂组合体，它有助于我们从更加长远的观点、更加高深的层次去梳理思路、考虑发展战略，冷静地面对挑战和机遇，面对巨大落后集中力量，奋起直追，发挥后发优势，打造国家能力和综合实力，谋划实现跨越式发展的国家大计和国家目标，造福全国人民，为全世界做出贡献。

中国新时空体系架构包括目标与愿景、发展战略以及四大组成板块。四大组成板块分别是总体策划与顶层设计、基础设施与资源共享、集成融合与解决方案、协调管理与合作联合。

5. 新时空服务体系的前景与效能和效益

国家新时空服务体系，是中国新一代信息技术和新兴智能信息产业的核心要素和共用基础，也是无时不在、无处不在的现代信息泛在智能服务的共性技术和共享基础，是能够将目前和今后相当长时期内，许许多多产业发展热点技术和亮点产业贯穿连接起来的关键主线和应用服务内容粘连起来的黏结剂，其高技术特点将引领专业、大众、安全三大市场，拉动新兴产业集群发展，满足国民经济和人民大众现实和长远的需求，利民便民惠民，形成数以十亿计的用户群体和数以万亿元计的产值规模的大产业，从而在一定程度上支撑产业结构转型和改变经济增长方式的历史进程，并且促进大批的新系统、新应用、新服务的孕育诞生、成长壮大。

这个产业是以北斗系统为核心动力，以对地观测和地理信息系统为两翼的，以空间信息技术与传感器技术网络、先进信息通信技术网络、现代云计算技术网络为支撑的"智能信息产业"。它是能够有效提供时间空间信息的高技术，能够实现全中国、全球性、全天候的泛在服务，保障相关的人、财、物能够实现有序流动，达到各在其位、各行其职、人尽其才、物尽其用、车通其路、货畅其流，成为智能信息产业的根本基础，成为传感网、物联网、云计算网和智慧城市的发展基础，成为实现信息产业转型与科技创新的依托基础。

4.6.2 体系的战略思维

新时空体系的总体战略是为实现体系建设最优化和效益最大化，强化总体规划和顶层设计，以体系的标准规范为核心主线，以北斗和 GNSS 技术为共用基础，通过进一步创新与集成，有效融合多系统和多层次的优势资源，形成新时空的国家能力、政策和基础设施，尤其是形成可推广的系统化解决方案，促进应用服务泛在化、智能化与共享化，满足日益增长的民用、军用的现实与未来的需要，特别是强劲增长的商业需要，提高效率和效能，惠及民生。

为保证国家新时空服务体系目标与愿景的实现，必须做好以下工作：一是制定相关的国家政策，并且进行公开宣示，保证政策的开放性、稳定性和透明性，赢得国内外用户的信任，不断促进新时空技术进步和创新；二是在国家目标指导下，促进各部门、各地区的 PNT（定位、导航、授时）活动的有机组合和联合，共同分享信息，强化标准化工作，加强提供协调基础上的新时空能力；三是最大程度地运用来自于军方、民间、商业界和国际上的系统与技术，实现各种可用信号的集成，形成可确保的高性能的新时空技术和产业发展的解决方案。

为实现国家新时空体系架构的目标与愿景，高效的标准解决方案被用来满足绝大多数用户需求，提供他们公共的外部的时空信息源。当然，在某些对于可靠性和安全性有特殊要求的情况下，也允许一些效率或者实用性不高的专门解决方案继续存在。同时还鼓励采用低成本的自主能力，以弱化对新时空基础设施的依赖性。重要举措为：

1. 北斗系统是国家新时空服务体系的奠基石

在国家新时空体系中发挥并且保持北斗系统奠基石作用，不断实现技术创新和服务能力提升。频率的增加、频谱的分离、可靠的信号结构、实时组网、增强抗干扰能力，均会大大地增强 PNT（定位、导航、授时）能力，催生更为广泛深入应景的应用。

2. 强化新时空信号的观测，保障服务质量和安全性

监测国内外定位导航授时信号，以检验服务水平、观测环境效应、检测异常现象、识别信号干扰，并且近实时地进行发布，强化对军民用信号、国内外信号及其服务进行评估，做到及时发现，快速预警，迅速排除，确保使用安全。

3. 加强提供具有完好性保障的高精度解决方案研究，促进生命安全应用

这是国家新时空服务体系将来必须解决的难题，在确保完好性的条件下，定位精度达到 10cm，必须对基础设施和坐标框架进行升级改造，同时改进绝对和相对导航技术，探索多源时空信息的无缝集成的方法。

4. 保护军用时空信息技术的先进性

在公共的可用性和性能不断提高的情况下，军用技术的先进性受到挑战，必须采取平衡措施，保护军用时空技术先进性的国家对策。在确保军用独立性的前提下，从使用成本和可用性性能考虑，可以采用双轨制，有条件地使用民用信号和国外系统信号。

4.6.3 总体策划与顶层设计

政府应该抓好宏观大事、要事，对于国家新时空服务体系架构，尤其要抓好总体、系统、顶层、创新的持续发展的大策划。总体之所以重要，因为其事关全局、事关长远、事关成败得失，应该列为新时空体系的重中之重。主要任务是：

1. 北斗系统概念的创新

GPS 概念是在 30 多年前提出的，主要是针对当时的军用需求设计而建

立。今天，科学发展和技术进步大大改变了整个世界，GNSS 的组成已不能再仅用当初的类如空间段、地面段、用户段这样的"老三段"来表述，必须实现总体概念上的创新。目前最为突出的难题是 GNSS 的脆弱性，这其中最主要的是解决卫星到地面环境段问题，因此，环境段应纳入 GNSS 总体组成部分，予以高度重视和深入研究；同时，卫星的实时组网、信号结构的更新换代、信号的网络传输、多系统共存、多模化服务、多手段融合以及层出不穷的新思想、新知识、新系统、新技术，亟待我们优化整合，发挥后发优势，实现卫星导航系统的持续创新。

2．GNSS 的兼容互操作可交换

对于北斗系统而言，首当其冲的是要全面解决与其他 GNSS 的兼容互操作可交换问题，从某种程度上说，这是关系到北斗系统生存发展的大事，要及早做、快点做、好好做。这是关于市场竞争力，而且是核心竞争力的问题，如果做好了，我们能够融入全球一体化市场，做不好，则可能会被边缘化。频点和信号研究是当务之急，一定要有高瞻远瞩的解决方案，要通过双边和多边谈判，合理解决这一瓶颈问题。这方面的工作重点在于我们要做实实在在的工作，在实际系统中加快推进实施。

3．GNSS 的系统们之系统

GNSS 组成包括全球系统、区域系统和增强系统，已建、在建和计划建设系统所包含的卫星总数量接近或者超过 140 颗，这么多系统和卫星，来自不同的国家、不同的设计，如何充分的利用它们，这是一个崭新的课题，必须从系统们之系统的概念高度，进行再设计、再利用，研究"系统们之系统"的概念及其真实内涵，全面确立北斗系统在 GNSS 中的定位，而对总体组成的每一段均赋予与时俱进的崭新含义，分别升级成为空间星系统、环境增强系统、运控运营系统和应用服务系统，实现完整的现代化卫星导航系统总体设计，这比设计一个新系统的难度要大得多，但这是一种学习和提高的良好机遇，是千载难逢的机遇，也是我们与国际 GNSS 大家庭并肩发展的重大机遇。

4．新时空体系能力的升级创新

中国国家新时空体系能力的实现是个集成创新的过程，将现有的和将有的 GNSS 和非 GNSS 的 PNT（定位、导航、授时）能力进行组合、整合和融合，形成综合的国家新时空服务体系能力，来解决目前卫星导航系统存在的不足，进一步扩展其能力和应用服务范围，用新时空服务体系的创新方案，适应新的应用与服务需求，适应大众化市场需求，适应军用的高可靠性高安全性高性能需求，适应室内外无缝对接的泛在新时空服务的需求。

5. 新兴产业发展推进战略

国家新时空服务体系推动的根本目标是一个战略性新兴产业，是在现有的大信息产业中萌生出来的，以新一代信息技术为技术基础的智能信息产业，该产业由于其广泛的产业关联度、应用与服务的大众化、全球化特质以及与通信产业和互联网，与汽车制造和电子信息终端制造产业良好的互补性、融合性、带动性等优势，因而具备成长为战略性新兴产业，进而发展成为新兴的支柱产业的基本条件。要通过发展战略研究，形成产业发展大政方针和规划指导意见、管理法规和市场准则、重大工程项目指南和部署计划、产业集成整合方向和产业链的构成完善、典型示范和科普推广、应用服务的真情实景体验与创意平台环境。

4.6.4 体系构成之一：基础设施与资源共享，技术的融合与集群式发展

为保证顺利实现国家新时空服务体系架构及其既定目标和任务，应该大力建设基础设施，如建设国家级连续跟踪观测网络、信号干扰监测网络和评估预警系统等。此外，新时空体系中需要保证数据的及时采集、合理处理、最大限度的分发，必须协调各个机构组织部门，实现真正意义上的资源共用和信息分享。其中包括：

1. 连续跟踪观测网络和数据处理分发

应当下决心纠正中国目前存在的连续跟踪观测站网低水平重复建设，以及后期继续运营维护缺乏经费支持的情况，采取国家行动，通过优中选优的方式，全方位整合相关资源，集合成为精品网络，以保证其长期维持运营和分享化服务。更为重要的是提高网络的整体观测质量，实现规范化管理，形成数据采集、传输、存储、处理和分发的一条龙服务模式，成为科研和产业发展的重要基础信息支撑来源，逐步形成新时空体系自主的数据传输网络，确保服务卓有成效。

2. 模型化和时空信息处理及其服务软件工具集成工程

我们在 PNT（定位、导航、授时）硬环境上做了很多努力，但在软环境上以及模型化技术和软件特别是软件工具方面却往往重视不够，必须大力推动模型化工程和新时空系统软件工具的集成工程，从根本上建立并增强模型化和仿真能力，使其不仅适用卫星导航技术与产业发展的需要，而且也适应多种物理手段和可交换信息源条件下的需求，适应将来系统升级和用户装备发展的需要，并将这些核心分析整体框架和能力迅速推广到企业应用中。

3. 仿真、设计、开发、测试和验证平台

卫星导航产业是个新兴产业，刚刚开始发展成长，许多科技研发的条件不具备，而且产业的主体是中小型企业，无力购置大型的科技支撑平台设备。因此，需要由国家集中投入建立国家级的仿真、设计、开发、测试和验证平台，作为科技研发和产业发展支撑平台的重要组成部分，保证其高水平、共享性、公益性和高效能。

4. 时间与空间参考系统、大数据库与处理服务平台

新时空体系的基础是时间和空间参考系统，在此方面，我们与国际水平相比存在差距，与将来的新时空服务体系需求存在更大的差距。为此，要大力改进标准、定标技术和参考系统的参照框架，以支持将来的实时的绝对定位精度和完好性需求。新时空能力的明显改进，将要求与这些能力相关的信息基础设施有根本性的改进。对于可交换的时空信源和信息传感器需要实现接口协议、性能和信息交换的标准化。需要探索的领域包括地固和天体参考框架、地轴指向、地球栅格、定时、测频、物理模型化数据传递技术。信息服务，内容为王，关键是大数据库的形成和建立，以及共享服务体制机制。这要依靠国家的支持和协调管理，还需要企业骨干群体和广大用户的共同努力，但最根本的是用户数据的回馈、互动、共享。这是信息社会的重要特点，也就是说，用户是地地道道的信息消费者，也是不折不扣的信息生产者。

4.6.5 体系构成之二：技术集成融合与解决方案是产业融合与资源配置的根本性转变

除了基础设施的建设之外，还需要软件的系统集成与相应的解决方案配

合硬件的使用。尤其是国家新时空服务体系内部的融合，包括天基和地基、室内和室外等新时空系统的各个组成部分。外部与通信系统、互联网网络等的结合，保证新时空体系在最短的时间发挥最大效应。主要解决方案为：

1. 卫星导航系统与通信系统的融合

这种融合更多的是将通信网络作为新时空信息的数据源来使用，而不仅仅是将其作为传送新时空信息辅助和增强数据与地理信息系统的数据通道，从而增强所提供的服务的牢靠性，因此需要认真识别和评价时空信源与通信系统融合的方法、标准和可能获得的能力。基于射频的时空信源和通信的融合，会促进通信能力直接向提供新时空能力的转变，这也是运用分散的源和信息途径的多种物理手段一体化的思路，能够在传统的无线电导航频谱以外，提供服务增加新时空服务的牢靠性。为此，首先对目前已经存在的蜂窝网、WiFi 网、蓝牙网、射频标签（RFID）网等进行集成融合，确定最佳的解决方案，从长远来说，还需要在新的通信网络上进行探索和开拓。

2. 天基时空信源与地基时空信源能力的集成演化

为了支持多样化的时空信源和信息通道，必须研究天基和地基时空信源能力的演化和融合。毫无疑问，卫星导航系统是新时空服务体系架构的奠基石，随着技术的进步，体系架构肯定会在充分应用卫星导航系统基础之上，并适当考虑某些地基时空信源要素和能力，但是应该看到，后者在一定场合应用有限，也有可能有些现成系统已不适合 2030 年的应用需要，如塔康导航、甚高频全向信标系统和测距装备、e-罗兰、盲降式仪表着陆系统等。

更值得指出的是，对于关键基础设施的精密时间和时间间隔的用户，应确保其得到并能够利用多个可用源。所以，近期应重点推广北斗兼容的解决方案，同时面向将来的需求，继续推进新的解决方案的研发。

为避免干扰和强化可交换能力，应该推行作为时空信源的伪卫星和无线电信标标准。伪卫星从已经测定点地面位置上发送无线电测距信号，在GNSS 信号被遮挡的条件下，RF 信标支持基于位置的服务。这些设备的广泛使用，有可能造成兼容性、互操作和频谱的挑战。标准的制定应该有利于伪卫星和无线电信标与其他基于射频的时空信源解决方案的集成和避免冲撞。而用户群体应该仔细研究伪卫星、信标和自主技术间的合理平衡。

3. 自主时空信源技术与外部时空信源技术的组合

合理开发和应用通过不同来源与信息途径集成的用户设备，提供可靠的解决方案。自主时空信源技术是个很复杂的群体，它们包括惯性、微机电系统、电子罗盘、指南针、地图匹配、加速度计、时间计量和保持系统、各种航向推算系统，能够在基于射频的时空信源能力提供服务出现故障时，继续提供相关的服务，并辅助 RF 信号的重新捕获。

4. 室外时空信源与室内时空信源的全方位无缝整合

实际上，这是个导航与通信、天基与地基、自主与外部、室内与室外时空信源的高度集成融合的整体解决方案，进而推动集导航、通信、多种物理手段、多种可互换时空信源集成于一体的泛在的新时空应用与服务系统解决方案，以及新时空系统与遥感系统和地理信息系统的一体化解决方案。这是集成融合和解决方案所要研究的主体，也是所有集成融合的最终目标和愿景，是今后 10～20 年间的奋斗目标。

4.6.6 体系构成之三：协调管理与合作联合是新时空的机制体制管理创新

国家新时空体系架构要求部门之间有广泛的协调与合作，从而确保新时空业界的必要的信息共享水平，确保有效运作、高效采购（数据源设备和用户设备），以及相关的科学与技术应用开发。主要包括：

1. 国家新时空服务体系协调程序和管理体制机制改革与创新

确定国家新时空服务体系的协调程序是第一位的。在体系架构范围内，国家新时空体系需求确立、项目协同整合和决策，都需要一个长效的系统程序加以实现，其范围要超过天基定位、导航、授时。支持和组织专家组开发并形成国家新时空体系协调程序和管理体制机制的改革与创新，这项研究强调新时空体系需求分析、计划评估和成本估算；在关键技术领域，建议并推进政府的科学和技术创新项目，以及商业研究和开发；同时为新时空体系计划办公室、服务提供者和用户提供系统工程和集成支持。

2. 新时空技术与系统的知识、技术、创新与信息交流互动平台

该平台是科学普及、产业推进、知识创新、行业交流、人才培养的综合性平台，是新兴产业必须具备的能力。该平台贯彻"从群众中来，到群众中去"的指导思想，至少承担新产业和新知识的宣传普及、新技术和新产品的推广传播、新应用和新服务的演示体验、新思维和新概念的创新探讨、新信息和新动向的交流互动、新领域和新人员的培养进修六项任务。

3. 标准规范体系与质量检测和认证许可

建立标准规范体系是国家新时空服务体系实施最优化和效益最大化战略的最有效的途径。认可并开发满足用户需要的公共标准，服务于新时空信息的交换、保证和保护以及本地化区域定位信息的表述。

利用来自多种手段和多样化源的信息，由于缺乏标准化信息接口协议，有可能造成数据混乱、无保障和不可靠。用户需要方便地通过多种多样的渠道进入多个数据源，所有的相关新时空信息均可用于资讯的决策取舍，同时信息必须受到保护，防止非授权使用、滥用和盗用。因此，必须在充分利用现有标准的同时，迫切需要合理开发相关新的标准。

确定位置时使用不同的坐标系会影响互操作和相关的安全性，因为不同坐标系相互转换时会产生误差，这种情况存在于军用和民用中，或者两者之间。为此必须对各种坐标系进行评估，采用合理的技术、方法和相应的标准，在本地和区域运营中确保互操作性的实现。

针对生命安全领域和关键设施用户对于外国时空信源系统的应用，应该开发合理清晰的使用判据和服务兼容性标准。开发者和使用者希望利用所有系统，提供多系统时空信源接收机，增加可用性，实现增值服务，从而也会增加市场的商业竞争。为此，应该提倡使用多系统时空信源兼容接收机，通过这种增强解决方案提高精度和可用性，在系统出现故障或者脆弱性问题时提供更好的可靠性。

4. 国际合作与产业联盟

国际合作是卫星导航及其关联拓展产业的必修课题，GNSS 的民用已经成为若干大国的历史共业，是"剪不断、理还乱"的系统之系统。频率、信号、星座布设和计划安排都是敏感话题，在兼容互操作可交换的许多方面需要合作共赢，需要协商谈判，需要多层次、多模式、多渠道的国际合作与交流。

产业联盟是时代的产物，其任务有三：协助政府开展战略研究，拟定发展规划，制定政策法规及行业规范化管理；配合行业制定和宣贯标准规范，进行市场与产业的调查研究，开展产品的质量检测和认证，实施技术咨询和信息服务；建立自主创新平台，组织技术攻关、成果转化、产品推广，强化国内外技术交流和跨国企业间的深层次合作联合，推进系统与技术、应用与服务、市场与管理的全方位创新行动计划。

4.6.7 中国新时空体系的发展前景

中国自主北斗全球卫星导航系统的快速建设是中国航天事业发展的重要组成部分。北斗系统的关键作用是提供时间和空间基准和与位置相关的实时动态信息，业已成为国家重大的空间和信息化基础设施，成为新时空服务体系、新一代信息技术和新兴的智能信息产业核心推动力和共用基础，也成为体现中国现代化大国地位和国家综合国力的重要标志，是经济安全、国防安全、国土安全和公共安全的重大技术支撑系统和战略威慑基础资源。由于其广泛的产业关联度和与通信产业的融合度，能有效地渗透到国民经济诸多领域和人们的日常生活中，成为带动现代信息产业转型升级，集成融合发展，多系统一体化快速、持续发展的引擎，成为高技术产业高成长的助推器。

中国新时空服务体系是中国新一代信息技术和新兴智能信息产业的核心要素，也是无时不在、无处不在的现代信息泛在智能服务的共性技术，是能够将目前和今后相当长时期内，许许多多产业发展热点技术和亮点产业贯穿连接起来的关键主线和应用服务内容粘连起来的黏结剂，今后的 50 至上百年时间内，人们将以卫星导航系统为基石，集成光学、声学、电学、磁学、机械学多种多样的物理手段，融合有线、无线、互联、物联、传感、云计算等一系列网络系统与技术，形成可互补、可交换、可替代、可共享的信息标准与资源，形成新时空服务体系，实现包括地下（和水下）与深空在内的海陆空天所有空间，每周 7 天、每天 24 小时所有时间，以及正常与异常、平时与战时、室内与室外所有环境条件下的泛在智能信息服务。新时空服务所带动的产业，是以科学发展观引导市场走快速发展、绿色发展、智能发展、跨越发展、规模发展和可持续发展道路，大力推进以北斗系统为核心动力的智能信息产业体系，将最终实现这一战略性新兴产业的高速度、跨越式发展。

4.6.8 与中国新时空体系相关的大数据等技术系统和产业领域

以北斗系统为核心基础的新时空服务体系，与全球面临的大数据时代间的关系，也是新一代信息技术和智能信息产业革命面临的重大课题，这里还涉及推进产业结构转型和经济增长方式转变的新兴产业。发挥北斗新时空服务体系在智能信息领域的统帅作用，可以将目前正在热议中的物联网、云计算、大数据、智慧城市、位置服务、智能交通、移动医疗健康、电子政务与商务、社会网络与管理、应急联动与搜救、国家安全与公共安全等一系列话题，均纳入其体系之中，并研究它们之间复杂而又有趣的关系，促进各领域的共同协调发展。

2012年底，北斗区域系统正式运营服务，其应用服务产业发展面临重大机遇和挑战。处在"大数据、智能化、无线革命"时代伟大进程中的中国"北斗产业"，凭借"科技核心力、基础支撑力、产业融合力"，将持续不断地发挥其强大的引领作用，形成并构建北斗新时空服务体系，将在打造国家综合优实力和国际主导竞争力方面建立丰功伟绩。

北斗卫星导航产业与四大产业密切相关，这就是：高端制造业、先进软件业、现代服务业和综合数据业。而其中的综合数据业是最有特色的，也是卫星导航独有的一种行业特点，非常契合大数据时代的特征。同时，四大产业又恰恰是北斗新时空服务体系要主导推动的重大主流产业集群（曹冲，2013）。

1. 新时空是信息时代战略思维和顶层设计发展需求的产物

北斗新时空服务体系作为一个崭新的概念，是中国新一代信息技术和新兴智能信息产业的核心要素和共用基础，也是无时不在、无处不在的现代信息泛在智能服务的共性技术和共享基础，是能够将目前和今后相当长时期内，许许多多产业发展热点技术和亮点产业贯穿连接起来的关键主线和应用服务内容粘连起来的黏结剂。

现代信息社会，推进的是电子信息革命，其真正的发端是开始于数字化，然后进入网络化，现在发展到智能化阶段，贯穿其中的是计算机数据流和基于时空的信息流。前者依托的是"硅革命"，主要是大规模集成电路和工业化制造，是硬件和硬实力，推动的是有形的实体经济；后者依托的是科学、知识、数据、工具和能力，是软件和软实力，推动的是无形的知识经济。这两个方面都是可以巨大规模化运作的资源，但是硬件方面同质化现象更为严重，所以往往是以大公司运作为主，适合精英化集约式运作，而在软件方面，在信息数据大量的生产衍生复制的同时，有更多的专门化、个性化、定制化，所以其多元化、多样化、复杂化程度与日俱增，适合个体化蜂群式运作。而且分立式群体化自组织的软实力形成和发展要求的资源消耗小、成本低，更加符合发展绿色产业、低碳经济、可循环利用、可持续发展的客观需求。

任何新概念、新技术、新系统的出现，都不是平地一声春雷，从天而降，而是一个实实在在的发展过程，是有其前因后果的，有其过去、现在和将来。北斗新时空服务体系完整地体现了大千世界的整体概念，万物都是相互联系的，以及万事都有过程的客观现实，就如同大数据概念一样。大数据历来有之，只有信息社会的数字化、网络化达到相当发达的程度，只有智能化需求粉墨登场的条件下，才持续大数据现象，才突出地强调大数据概念。信息社会的基础是数据，而数据的不断增加演变，发展到大数据阶段，到达从量变到质变的发展期，开始一个全新的进程。这是云计算、社会网络、移动互联网和智能用户终端新兴技术聚合催生诱变出来的大资源、大素材、大环境。应该看到，数据仅仅是数据，只有将其变为有效信息和增值服务内容时，才产生价值，所以它本身不是个独立的大产业、大市场。而国家新时空恰恰就是大数据"点石成金"的大师，使其能够成就"空前大业"。

2. 大数据时代是一种回归复兴、创造进步

（1）大数据帮助人们从虚拟回归现实

在虚拟经济蓬勃发展的今天，大数据一下子就把大家拉回到现实，用事实说话，用数据决策，而不是"拍脑门"凭空而来。大数据概念是 2011 年 5 月，由国际上著名的咨询公司"麦肯锡"在一篇名为《大数据：创新、竞争和生产力的下一个前沿》报告中提出来的，成为国内外产业界的先声。其后的两年多一点时间内，便有各种各样关系大数据的著作和论述，概念千人千面，见仁见智，其实大数据并没有那么复杂，所要解决的问题就是，众人创造的数据怎么样为众人应用与服务。因为在全面详细占有数据的基础上，人们就可以从事物发展的前因后果、来龙去脉、种种征兆中，有可能对于上至社会安宁、下至个人疾病，大至国家经济、小至家庭种植，进行切实有效

的监控、诊断和预测，这就是大数据的能耐所在。简而言之，从各种各样的数据中快速获取有价值的信息能力，就是大数据。麦肯锡深入研究了美国医疗卫生、欧洲公共管理部门、美国零售业、全球制造业和个人地理信息等五大领域，用具体量化的方式分析研究大数据所蕴含的巨大价值。大数据的合理有效利用，为美国医疗卫生行业每年创造价值逾 3000 亿美元，为欧洲公共管理部门每年创造 2500 亿欧元（约 3500 亿美元），为全球个人位置服务的服务商和最终用户分别创造至少 1000 亿美元的收入和 7000 亿美元的价值，帮助美国零售业获得 60％的净利润增长，帮助制造业在产品开发、组装方面将成本降低 50％。

实际上，大数据的真正作用远远没有被人们认识到位。大数据关联着过去、现在和将来（涂子沛，2014），关联着世界万物的数字化、网络化、智能化，关联着国家的兴衰、人类的生死、社会的安危、产业的进退、事业的成败。有专家归纳成为两句名言："缺乏数据资源，无以谈产业；缺乏数据思维，无以言未来"。这种说法，虽然有过分偏爱的嫌疑，但是有点一语道破了"天机"的味道。

（2）大数据通过网络振兴，借助云计算和智能终端复兴

大数据是什么？大数据是一种客观存在，是一种基础素材，是一种资源环境，是由称之为"21 世纪图标"的网络派生出来的，网络是群体的象征，这样的分布式系统，将自我撒遍网络，无数个个体行为、思维和相关信息数据，集聚在一起，串联在一起，通过时间空间参量与技术的解析，形成了无可逆转的社会性、群体性，以及可追踪、可溯源的个体性，成为具有监控、研判、决策、预测的有效资源，将产生无可限量的价值。

（3）大数据是一种创造和学习

大数据是人类文明发展到革命性新阶段的产物，是群体的集体创造，是"人尽其才，物尽其用"的网络经济时代，是"以人为本，创新惠民"的科技时代、是一定程度上的"各尽所能，各取所需"的信息时代所具有的社会形态和科技产业特征。大数据时代的重要特点是快速变化，所以人们要不断学习，不断思考，不断进步，坚持"活到老，学到老""学习，学习，再学习"，每个人完全有条件充分利用开放、共享的客观大环境，把自己打造为所热爱的工作和生活领域的专业人士、发明家、创造家、爱好者、能工巧匠，而科技与艺术、文化的结合，同时会造就各种各样的文艺工作者、画

家、文学家、音乐家、文化人与知识分子。

（4）大数据是一种进步和循环

从大数据的本质来看，大数据时代应该秉承开放、分享的精神。只有彻底践行开放、分享的精神，才能充分发展大数据的巨大价值。这些价值不仅仅限于商业，而是涉及社会和经济运行的方方面面。我们存在的不足恰恰在这里，条条块块的数据割据、束之高阁的数据孤岛、不敢恭维的数据质量，以及大大缺失的数据思维，妨碍我们开放与分享，造成数据资源极大浪费和无故流失。中国是个人口大国，理应该是个数据大国，实际上目前却称不上是个数据大国。这主要是数据思维的缺乏所致。我们只有从数据的重要性上有充分足够的认识，并且能够付诸行动，才能够取得重大进步，进而实现根本性突破。因为，在大数据领域，全世界都在刚刚开始，而关键的软件又是开源的，我们在产业竞争的制高点上不存在明显的劣势。何况我们是人口大国，上网人数和包括移动电话在内的各种各样的数据终端数量，是其他国家无法比拟的，产生和应用数据的能力与需求是他国望尘莫及的。这样的得天独厚的优势是长期能够起作用的要素，是综合竞争力所在，某种程度上可以说是大国崛起的资本。

大数据引发的科学、技术、产业、社会革命，实现的是根本性转折，将可能颠覆整个世界秩序，像中国和印度这样的人口众多、历史悠久的文明古国，在新型的信息社会转型过程中，可以发挥后发优势，更加自觉地摆脱工业革命负面效应造成的羁绊，完全有可能实现大国重新的复兴与和平崛起，这是千载难逢的历史机遇，这也是时代的演变轮回。应该指出的是，大数据能够发挥其真正效应的依托是新时空服务体系，后者是大数据运作的灵魂和统帅。

3. 新时空服务是一种理论、技术、创新、跨越

（1）新时空服务融合其他众多技术的泛在服务体系

北斗系统是新时空服务的核心和奠基石，它与通信和其他物理手段组成的新时空技术体系，是多种本身截然不同的组构能力的集合，能够提供全时空、多手段、可互换、高可靠、无限量的泛在服务。新时空服务体系源于天基时空服务，就是包括北斗系统在内的 GNSS，以及传统和创新的其他非GNSS 技术手段及其融合，其范围更宽广，意义更深远，构成更完善，功能

更强大，真正成为无处不在、无时不在、无所不在（3A）和四维（4D，三维空间加上时间）泛在服务的国家基础信息设施，真正成为服务国防安全、经济发展、社会进步和民生改善的重大技术与服务支撑系统，真正成为中国大国崛起、强国奠基的重大里程碑和体现战略威慑力的重要标志，真正成为推进新时空技术体系为主体的信息技术革命，以及以智能信息产业为主体的新一代信息产业革命的重大决策依据和部署指导方针基础所在。可以毫不夸张地说，它完全可以成为中国复兴梦的科学技术理论基础，指导中国实现绿色低碳、快速持续、创新赶超、跨越发展。

（2）新时空服务于国家发展的安全、创新、强国三大战略

在现代信息社会条件下，新时空服务是维护国家的整体安全的战略需求和重大理论武器，关系到国防安全、国土安全、国民安全、经济安全、信息安全、社会公共安全等许多领域，为赢得自主可控的制信息时空权的国家安全战略奠定基础；新时空服务也是中国在当今时代为了从根本上摆脱长期落后，抢占国际科技制高点，为赢得科技话语权，适应赶超和跨越发展、复兴与和平崛起的客观需求所采取的重大科技创新战略举措；新时空服务还是中国产业强国重大战略的重要组成部分，它是领导我们发展智能信息产业的核心力量，也是指导我们融合全信息产业链的理论基础，能够将与新一代信息技术相关的新兴信息产业，能够高瞻远瞩、高效快速地把中国的信息产业导入泛在时空服务新阶段，在全球化市场竞争条件下，赢得发展主动权，实现从弱到强的产业强国的伟大转变。

世界万物都离不开时空。新时空服务事关国家的安全和未来。在信息时代国家竞争力将突出体现为拥有数据信息规模，及其生命活力和运用能力；信息社会的国家主权体现对信息的占有、监管、控制力和开放共享能力，尤其是掌控制信息时空权。没有制时空权，无以谈信息安全，也无以言国家安全。国家的信息安全，应该建立在"自主可控"的软件、硬件和信息数据之上。新时空服务及其掌控的信息数据将成为国家核心资产，所以制信息时空权将成为国际新的竞争焦点，成为产业战略的制高点，一旦这方面出现整体性缺失，就意味着国家信息主权无险可守，意味着国家安全将在信息时空间出现漏洞。所以，中国必须立足赶超，尽可能快地出台引导性、倾斜性的政策，以抢占新时空服务的国际战略制高点，围绕赢得智能信息技术和产业的话语权和主导权，全力以赴打造基础设施、共享平台、运作和服务的核心能力。

（3）新时空是核心和主线

新时空服务是科学与技术，更是工具和手段，还是系统和体系，是智能信息产业核心和灵魂，是整个现代信息社会发展驱动力量和理论基础。新时空服务是信息科技与产业和社会发展紧密融合的枢纽，是信息科技发展的高级阶段。其影响力超越信息产业，将引起社会、经济、学术、科研、国防、军事等领域的深刻变革。它也是认知框架，是全面理解、掌握、运用信息的重要工具，对确立发展战略、产业方向以及政府决策与政策制定实施具有不可或缺的重要意义。

新时空服务充分依托北斗系统等导航、定位、授时手段，是为大数据产业提供众所周知的强大科技核心力，尤其是它能够实时高精度地提供与所有信息或者数据共生，而又密不可分的时间空间参数，成为信息的主体成分和智能应用、服务与管理的必备方法、工具和手段，成为信息行业的基础设施资源，成为大数据的核心、主线和灵魂。换句话说，没有了新时空服务，大数据就找不到北，就没有来龙去脉，成为散兵游勇，成为一堆垃圾。所以，它是大数据号令一切的统帅。新时空服务所带动产业的重要方面，是极大地改变了数据的产生和应用方式，集中体现在智能终端和云服务领域。新时空应用与服务，离不开智能终端，而智能终端成为数据采集输入、预处理和应用服务输出设备，成为消费产品的同时，又成为生产工具，从而把终端持有者的身份彻底改变了，成为生产者和消费者合二为一的信息社会"新人类"，并且将数据资源这样的现代财富象征，变成人人可以触手可及，人人可能贡献分享，人人具有话语权，产生全新的行业和社会分工，以及数据新经济。

4.6.9　新时空是智能信息产业的核心要素与共用基础

新科学技术革命，是以探索宇宙起源开始的，爱因斯坦的相对论揭示了宇宙的本质。"宇"是空间，无边无沿，"宙"是时间，无始无终，宇宙是物质组成，并在永恒的运动之中。归根结底，空间和时间是世界上最大的两个参量和参照系，一切事物和事件都离不开它们。而卫星导航实现了空间、时间参量的一体化提供，利用数十颗卫星就能够开展全球化全天候服务，其本身就是一场重大的技术革命，是一场新时空技术革命。实际上，这仅仅是个开端，真正的新时空技术革命，对于中国称之为新时空服务技术革命，还远不是这么简单，它是聚合多种卫星系统，整合多种系统技术，融合各种各样的信息数据资源，实现全源感知、普适传输、泛在服务，进而推进智能信息产业革命，促进社会和文化的飞跃发展，乃至革命，成为中国复兴梦的重大组成部分。

1. 新时空的科技核心力、基础支撑力和融合带动力

当前，为了实现产业结构转型和经济增长方式转变，中国确定了以战略性新兴产业为主要突破口的重大举措，从而出现了物联网、云计算、大数据、智能交通、位置服务、社会网络、智慧城市、移动医疗健康、电子政务与商务、应急联动与搜救、国家安全与公共安全等一系列热门话题。究竟什么是主要矛盾和矛盾的主要方面？什么是一系列产业的核心基础、主线和灵魂？以北斗为基础的新时空服务体系，由于其堪称卓越的科技核心驱动力、包罗万象的时空基础支撑力，以及千丝万缕的产业关联融合带动力，足以成为这一系列产业的核心、灵魂和统帅，成为智能信息产业整体发展的主线和领头羊。从新时空服务着手，我们的产业发展思路会更聚焦、更清晰、更高远、更完整，效率更高，效果更佳，效益更好，因为这是"牵一发，动全身"的科学理论和方法，是真正的元创新、源创新、原始创新，从源头上、根本上解决问题，有可能达到"一本万利"的效果。新时空服务对于大数据，或者说是信息，将起到"点石成金"的作用。

2. 新时空贯穿信息产业的感知、传输和服务三大产业链环节

新时空服务所要贯穿的智能信息产业，是以空间信息技术和新时空技术为核心推动力的智能化技术集合和产业群体，它以北斗系统作为核心推动力，形成 GNSS 的天基 PNT 与其他多种多样的 PNT 手段的相互集成融合，构建起泛在时空服务和空间信息组合服务平台，形成以新时空技术为主体、由全源感知、普适传输和泛在服务网络组成的时空位置服务系统为基础设施的智能信息产业体系。

3. 新时空囊括信息产业的大众、专业和安全三大市场

新时空服务所推动的产业市场，面向政府、企业和社会大众，涉及国民经济和人民生活的各个方面，大体上可以分为大众、专业或者说是行业，及安全三大市场。所谓的安全市场极其广泛，包括国家安全、国防安全、国土安全、生产安全、交通安全、信息安全、防灾减灾、消防搜救、食品药品安全和社会公共安全等一系列行业和领域；所谓的专业市场更是种类繁多，导航定位、测量绘图、地理信息、农林畜牧、海洋经济、交通运输、车辆监控调度、电力电信、时频应用、铁路公路、航空航海、气象航天、安防保全、灾害监测、环境保护、科学研究等；所谓的大众消费市场，真正是个巨大无比的市场，大量的车辆船舶作为载体，引出来许许多多消费应用，而以人为中心的个人消费应用，涉及跟踪导航、旅游出行、社会交往、休闲娱乐、文艺体育、衣食住行、淘货购物、信息传递、本地搜索、社会网络，以及难以一一枚举的各种各样的位置服务。智慧城市、电子政务、电子商务、专业应用、医疗保健、社会管理、信息安全、物联网与移动互联网、位置信息与公共服务等都是新时空服务产业的"金矿"，存在大片大片的未开垦的"处女地"，有待挖掘和开拓。

4. 新时空具有普世价值，将改变人们生产工作生活思维方式

从长远来看，从北斗系统引申出来的"新时空服务"，完全有可能颠覆目前已经进入"穷途末路"的工业化时代的生产分配消费体制，因而根除过分"城市化"过分"急功近利"带来对于自然环境的破坏、贫富悬殊、城乡反差和社会畸形发展，以及伴之而来的不协调、不平衡、破坏性、不可持续性，有可能孕育出信息化时代的新经济革命、新生态革命和崭新的社会业态，有可能率先引领信息社会进入"各尽所能，各取所需"的发展阶段。

其真正的社会意义可能是划时代的，因为"新时空服务"所推进的科学技术革命，将爱因斯坦发明相对论以来的时空理论，在现代信息社会的智能化发展阶段，实现了无缝对接，推动智能信息产业革命的进程，同时把数据、信息、知识，及信息服务价值都与"数据共享""以人为本"与"执政为民""信息消费与惠民"等理念结合起来，为最大多数人的最大利益服务。它是永不枯竭的市场依托所在，将为实现"中国梦"的"两个一百年"作出经济和社会发展的支撑性贡献，进而在更加长远的历史发展阶段上，推动社会和文化的和谐进步和智慧革命，这可能是更加长远的事情，但是这种大趋势现在已经初露端倪。

第5章 前景展望

5.1 网络划时代开拓信息社会新历史

21 世纪，是人类从工业文明时代向信息文明时代转折发展时期，而新时空服务理论则是这一划时代发展的宣言书之一，谱写信息社会的新篇章。在这一伟大的历史发展时期，信息社会从数字化进程，转变进入网络化，并且逐步步入智能化发展阶段，最终为 22 世纪迈向智慧化的高级发展阶段奠定基础。

从工业社会转变到信息社会，是个非常重大的转折，在某种意义上说是具有颠覆性的变革，从物欲横流，转变为追求信息，追求知识，追求精神，追求自我表现、自我发展、自我价值。而这一切最重要的舞台是网络，网络逐步连接着一切，也在改变着一切，改变着人们的思想观念、思维方法、社交形式、生产与生活方式，甚至波及哲学、文化、人生观与世界观。网络和可再生资源，尤其是信息和数据资源的生产、消费、众包、分享，是信息科技和社会革命的新经济模式，而"以人为本、服务为民""各尽所能、各取所需"和"人人为我、我为人人"必将成为社会信条。

新时空服务理论、实践与体系就是应运而生的强大支撑力，新时空服务是完全按照信息社会的发展趋势量身打造的，它从高不可攀的科学殿堂中将"时空理论"的"真神"请出来，走向地球村和人世间，走向大众和千千万万个个体，新时空的"新"，就是从"顶天"走向"立地"的革命性转变过程，就是解决地球和人类的生存与发展的重大需求问题，就是利用最为先进的科学技术，通过共建分享方式建设覆盖地球全时空的巨无霸网络平台，为全人类平等提供发挥每个人个性、天分、潜质的历史舞台，为全世界最大多数人服务谋福祉。

那么，什么才是信息革命的重大标志？信息革命不可能一蹴而就，而是由无数次的革命行动汇聚积累起来，才能逐步形成汹涌澎湃的革命历史大潮，奔腾不息地流向信息时代的大洋大海。只有某些先行者的领先理念，变成周围和业界大多数人的自觉行动时，成为群体智能与智慧之时，才是信息革命潮流到来之日。届时每个个体只要付出一点点，潮流就会排山倒海，势不可挡。这就是群氓的集体智慧和蜂群（或蚁群）群体自组织行为的原创理论，这是信息社会揭示出来的新兴理论和客观规律。这是从英雄时代走向草根时代的伟大的历史发展进程，是信息生产者与消费者合一共享的时代，在某种程度上将实现"各尽所能、各取所需"的社会原则。中央台的"星光大道"节目就是一种具体写照，成为老百姓的舞台，实际上这只是一种未来社会现象的一种缩影，是一种先兆性的反映。

5.2　新时空理论是现代科学技术革命的继续和延伸

整个人类社会的发展史，就是一部信息和时空的科学技术发展史，理论与实践的不断进步、演变、革命，推动着科技、经济、社会、民生的进步、变革与完善。所谓的信息社会和网络时代，在一定程度上说，只是刚刚展开序幕，后面还有很长很长的路程要走。

近代科技发展的集中体现是爱因斯坦的相对论和量子力学，掀开了"绝对与相对""宏观与微观"的哲学大讨论序幕，时间空间一直处在大讨论的漩涡之中。在信息文明时代，我们结合信息应用与服务的讨论，要比原先的讨论实在得多、具体得多、亲切得多。当然，也需要论及许多理论问题，也有类似的哲学问题，如"抽象与具象""虚拟与现实""相对与绝对""微观与宏观""个体与群体""量变与质变"等。信息社会的信息集合，都是人、事、物信息具象的抽象，而一切信息的产生、传递、获取、处理、分发、应用、消费、服务都离不开网络和时空，都是虚拟与现实、线上与线下的结合和变换，所有与人、事、物相关的、密不可分的信息，在时空相对与绝对的变化中形成"流"，并且在网络的微观与宏观流动中，服务安全、经济、社会、民生。

在网络与时空体系中，最为突出的特点是，每个个体的作用只有在群体中体现，网络的威力在于群体，一旦构成大众群体，网络就是强大无比的赛博时空，是个全新的宇宙，所向无敌。而在群体中，每个个体的积极性、活跃性、能动性决定了赛博时空的生命力。在此，又充分体现了量变到质变的巨大系统的客观规律，这是赛博时空的基本律，也是信息时代的铁律。信息从其产生出发，直到落脚应用，它的传播的全过程，不外乎经历三大环节，这就是感知、传输、服务。这里我们与原先习惯上用的信息流程做法有所差别，不同的是我们在分类上尽可能简化，简单地分为三个环节，而且将信息采集获取变换为感知，因为现在和将来我们更多的会使用传感器网络，各种各样的传感器会造就取之不尽用之不竭的信息，普遍存在的多种多样的传输网络，会将这些信息传送到各地的服务中心，按照时髦的话讲是送入云端，然后向所有用户提供服务。这就是现在大家三句话离不开的物联网。真正要实现物联网的伟大理想，至少还需要 20～50 年，为什么？因为物联网的需求、市场、用户和使命，至今还没有讨论清楚。此前我们不妨先把车联网、人联网做好。

这里应该指出的是，新时空服务哺育和造就的是个绵长不竭的历史画卷，是在空间和时间上全方位多层次展开的四维空间图像，是任何三维立体电影也无法比拟的壮丽图册，是比现实世界更加丰富多彩的记录与映像。这一切，有可能在网络世界中加以显示、记录、储存、再现。这正是网络、新时空和信息时代的伟大所在。有朝一日，网络真正做到无时不在、无处不在、无所不在的时候，全球所有的人均有公平的机会，都能够将网络作为一个平台，作为工作、学习、生活、娱乐的一个不可分割的组成部分，成为发表自己的作品和满足需求的交流平台，成为实现"人人为我，我为人人""各尽所能，各取所需"理想的平台，从而在此网络平台上展示和学习、创造和消费、服务和享用，由这些诸子百家联合体与共生体所形成超凡脱俗的群体智慧，将焕发其无比的光辉和不竭的能量，全面详尽地感知、认识、理解人类社会的整体行为，并且能够所向披靡地应对和战胜人类面临的任何艰难险阻，创造人和自然、人和人的和谐发展进步的新生活。

5.3 新时空服务体系是中国大国和平崛起的重大标志

"新时空服务体系"，将时空科学技术的应用与服务作为主题，将其从理论和体系层面加以研究。通过时空信息一体化服务，展示出一系列理论特点和特殊技术性能，其中主要包括：宇宙为何物？"宇"是空间，无边无际；"宙"是时间，无始无终。而人们通常认为宇宙是由时空、物质和能量构成的。在信息时代和"新时空服务理论"中，实际上已经将宇宙理解为是由信息流、物质流和能量流构成的大千世界。这也可以理解成为与时俱进的提法和认识。这样把宇宙置于运动变化之中，而且体现时空一体化和现实与虚拟一体化。

时间空间是自由人类社会以来的两大参照体系，而且在不断地被改进完善。目前时间已经成为当代所有可能计量的度量衡单位中，可测量精度最高的参数，光原子钟的误差甚至已经精确到 10^{-17} s，也就是说 3 亿年积累误差不超过 1s，由于时空参数之间可以转换与互换，所以距离的测量精度也越来越高。

时间空间信息是万物的基本属性。世界上所有的人、事、物信息的描述、表达、显示，时空均是不可或缺的，而且具有唯一性特点，这是安全体系、诚信体系的基本依托存在基础，这就是说世界上事物的多样性体现为永远没有一个人、一桩事和一件物体是完完全全一模一样的。

伴随时空的唯一性，派生出时空给人、事、物带来的一系列特性。这就是可溯源性、可监控性、可跟踪性、可判决性、可决策性等多种多样的工具性，这种无比强大的工具性在信息社会中才能真正体现其不可替代的应用与服务价值，成为创新体系、产业体系和时空服务体系的集合体。

时空一体科学理论与服务实践，可以从根本上改变国民经济结构转型和增长方式转变，新时空服务体系将颠覆工业革命时代的理论与方法。由于时空一体的概念不仅解决了每个产业的周围的关联产业，更加重要的是揭示了所有产业的过去、现在和未来的发展轨迹，实际上是把产业的一切存在资源、基础能力、竞争优势等全面地展开，因而有可能将国民经济增长的"三驾马车"（出口、投资和内需拉动）模式转变为"四轮驱动"模式，而增加的那个轮子就是挖潜改造，这比其他三个轮子更加强大有力，更加具有可持续、可继承、再发展能力，更加环保节能，更加绿色低碳，成为拉动国民经济和社会发展的投入产出比最高的驱动力。

除开工具性以外，时空具有无比强大的融合穿透力。它能够与多种多样的技术融合与集成，渗透到科学技术的各个层面，国民经济的各个领域，民众生活的各个角落，社会结构的各个群体，历史进程的各个瞬间，创造出丰富多彩的大千世界，成为现代信息社会的智能化的统帅灵魂，大数据的核心主线和主体结构，是云计算、物联网、智慧城市和农林牧副渔业现代化的面向国计民生的超级窗口，以及与跟时代和社会对接并实现共生共容、安身立命的重大历史舞台。

5.4 新时空理论以其宏大而契合实现"中国梦"的"两个一百年"目标

"中国梦"的"两个一百年"的提法，生动形象地表达了全体中国人民的共同理想追求，昭示着国家富强、民族振兴、人民幸福的美好前景，为坚持和发展中国特色社会主义注入了新的内涵和时代精神。习近平总书记提出的"国家好，民族好，大家才会好""中国梦归根到底是人民的梦""共同享有人生出彩的机会，共同享有梦想成真的机会，共同享有同祖国和时代一起成长与进步的机会""中国梦是和平、发展、合作、共赢的梦""人民对于美好生活的向往就是我们的奋斗目标"等重要论述，是对中国梦内涵的科学阐释。中国梦紧密承接了历史、现实和未来，是全体中国人民共同理想追求的生动表达。中国梦是国家梦、民族梦、个人梦三者的辩证统一。中国梦是为了人民，也是依靠人民，走群众路线才能得于实现。对国家、民族来讲，中国梦是一个个具体的个人梦的汇聚，对个人来讲，中国梦是个人梦的坚实承载舞台，是个人梦想实现的有力保障。实现中华民族伟大复兴的中国梦，不仅需要经济、科技和军事等强大硬实力的支撑，更需要文化、思想和价值观等润物无声的软实力的积淀。坚持和发扬艰苦奋斗精神，是由中国国情决定的，是遏制奢靡享乐之风、巩固党的执政地位、汇聚正能量、实现中华民族伟大复兴的需要。实现中国梦就要坚持中国道路、弘扬中国精神、凝聚中国力量，大力培育和践行社会主义核心价值观，更好地引导全国各族人民为实现国家富强、民族振兴、人民幸福而顽强奋斗、艰苦奋斗、不懈奋斗。中国梦与世界各国人民的美好梦想紧密相连。中国的和平发展崛起是中国的机遇，也是世界的机遇。中国梦的实现，必将对人类发展做出新的更大贡献。

"以人为本，服务为民"，建设小康社会和和谐世界，实现中华民族的伟大复兴梦，坚强地屹立于世界民族之林。为此，在科技和产业发展中，迫切需要理论创新，新时空信息服务理论就是响应这种时代的呼唤，是一种非常有针对性的理论探索和实践创新，是信息时代符合社会潮流，具有中国特色的体系化推进重大使命行动。

时空科学理论、技术实践和产业发展的创新研究分为三个层次：一是打造卓越技术系统，以北斗系统为基础，实现 GNSS 的兼容与互操作，进而通过多种系统技术的组合融合，包括导航与通信、3S＋C（卫星导航＋遥感＋地理信息系统＋通信）、无线电与声光机电磁的组合融合，建立室内外无缝的泛在时空（定位导航授时）服务的系统之系统理论基础和实践指导标准，服务于今后 10～20 年的行业发展；二是创造跨越产业体系，以智能时空信息服务系统为基础，构建全源感知、普适传输和泛在服务为主要环节的信息产业链，以及技术支撑、市场推进、条件保障三大系统组成的智能信息产业发展体系，并从牛顿静态时空理论和爱因斯坦动态时空理论，跨越发展到新兴的中国特色的时空服务理论体系，体系能够在整体上推动市场和产业快速发展，助力国家战略实现和产业的跨越发展，体系创新将全面推进安全、经济、社会、民生持续发展。我们的目标是，将科学理论从神圣殿堂里解放出来，在今后 20～30 年内为中国人民服务和全人类造福；三是缔造超越发展社会，以时空服务理论体系为基础，造就信息社会特有的"人人都是消费者、人人也是生产者"的"人人为我、我为人人"的生态环境，缔造技术、经济、政治、社会、文化的全方位多层次生态发展理论体系，以期在今后的 30～50 年间，实现从信息时代的智能社会向知识时代的智慧社会的划时代超越发展，实现中华民族的伟大复兴和"中国梦"的"两个一百年"，将中国造就为世界一流的科技和产业强国。

我们生活在一个崭新的科学技术革命时代，一个以北斗系统为核心主线和基础的智能时空技术或者说是新时空技术革命时代，我们正在从事前人从来没有从事过的伟大事业，这就是以时空信息服务为推动力的信息新技术革命和信息新兴产业革命，我们将实现新时空信息技术革命向智能信息产业革命的划时代跨越，我们将亲手迎接这一伟大时代的降临。这是多么自豪、多么光荣、多么任重道远的历史重任和国家使命。让我们张开臂膀，拥抱这个伟大时代吧！

5.5 实践上升为理论，引申出国家体系的需求

5.5.1 中国时空服务体系实施是个宏大的历史进程

新时空服务体系所推崇的国家时空服务体系的构建形成和运营完善，是个宏大且伟大的进程。这种推进行动，并非是三五年的事情，而是个相当长的发展阶段和过渡时期，必须通过数代人的拼搏和努力奋斗，才能得以实现历史使命。按照"时间空间一体，天基地基贯通、长远当下统筹，国计民生兼顾"的战略原则，所谓的"新时空服务体系"，是以北斗系统为基础，通过时间空间一体、天基地基一体、室内室外一体、绝对相对一体、宏观微观一体的"多位一体"的思维概念创新，构建由泛在智能"时空科学理论"，与资源聚合和系统集成"技术创新实践"组成的复杂生态体系，提供泛在普适的智能信息服务，成为中国大国崛起、强国奠基的重大科学技术支撑系统，在国际定位导航授时、信息服务、网络科技竞争中，以其战略型、前瞻型、领军型、平台型四大特质，成为开创先河、独辟蹊径的"卓越跨越超

越"科技生态体系。从广义上说，是将新时空服务体系在智能信息产业中的统率领军作用和生命线活力，与云计算、大数据、智能化与无线革命相结合，从根本上为"现代产业、商业和社会管理与未来预测学"奠定科学技术基础，用来指导整个科学、技术、产业、经济、社会变革和管理革命的发展进程，具有普世价值。总而言之，中国（新）时空服务体系代表中国"创新驱动发展、科技引领跨越"的重大标志性战略领域，它涉及六大要素：卓越研究机构、领军学科群体、国家科技智库、创新人才高地、骨干企业集群、智能信息产业。

总而言之，现代信息社会，推进的是电子信息革命，其真正的发端是开始于数字化，然后进入网络化，现在发展到智能化阶段，贯穿其中的是云计算的智能流，和时空信息与人、事、物其他属性信息组合在一起的数据流。前者依托的是"硅革命"，主要是大规模集成电路和工业化制造，是硬件和硬实力，推动的是有形的实体经济；后者依托的是科学、知识、数据、工具和能力，是软件和软实力，推动的是无形的知识经济。这两个方面都是可以巨大规模化运作的资源，但是硬件方面同质化现象更为严重，所以往往是以大公司运作为主，适合精英化集约式运作，而在软件方面，在信息数据大量的生产衍生复制的同时，有更多的专门化、个性化、定制化，所以其多元化、多样化、复杂化程度与日俱增，适合个体化蜂群式运作。而且分立式群体化自组织的软实力形成和发展要求的资源消耗小、成本低，更加符合发展绿色产业、低碳经济、可循环利用、可持续发展的客观需求。

5.5.2 体系的重中之重是总体战略规划和顶层设计与协调管理

空间和时间是世界上最大的两个参考系统，一切事物和事件都离不开它们。而卫星导航实现了空间时间参量的一体化提供，和时空信息的高精度、高效率、实时动态产生，利用数十颗卫星就能够开展全球化全天候服务。其本身就是一场重大的新的信息技术革命。高精度的时间和空间信息是实现人、车、物有序流动的基础，是信息智能化应用与服务的基础，是推进战略性新兴智能信息产业的基础。

以卫星导航系统为基础，融合多种多样的定位导航授时技术和系统实现任何时候、任何地方的泛在服务，是当前和今后 10～20 年间科技赶超和产业跨越的重大发展方向。为此，提出建设"国家新时空服务体系"的建议。

国家新时空服务体系，简称新时空体系，瞄准 10～20 年后在智能信息产业领域的国家综合实力和国际竞争力目标需求，以"北斗"为核的卫星导航系统和新时空服务体系标准规范为基础，组合、整合、融合其他非 GNSS 的先进有效的提供时空两大信息参量及其复合信息的技术和系统，重点突破产业发展的重大瓶颈与壁垒，其中包括复杂电磁环境、异常日地环境、恶劣物理环境条件下室内外、城内外、地内外（包括地下、水下和高高度与深空），与所有开放和封闭空间的无缝定位导航授时技术，以及导航和通信全方位融合与时空、天地、军民一体化应用服务技术，指导现代信息产业升级转型、中长期规划制定部署、可持续跨越发展的技术生态链、产业价值链，及其体系框架规划构建，为实现具有时空一体，泛在智能；实时移动，确保精准；海陆空天，一网打尽；变自生变，以速制衡；全息互联，以人为本；协同分享，群体创新；简约极致，服务人人等"七律"创新要素的新一代信息技术和现代信息业，为培育和打造数万亿元体量规模的新兴智能信息产业，奠定总体和顶层设计的基础，并提供系统体系和应用与服务产业的发展路线图。新时空体系，与其说是服务将来，更应该说是指导现在的系统和产业发展，服务于当前和长远的国家战略，服务于赶超世界先进水平，促进中国从导航、定位、授时的大国向强国的伟大转变。

5.5.3　体系整体推动科技和产业快速发展

"创新驱动发展，融合引领跨越"，这是中国在科技与产业革命新时代的基本战略，也是我们需要长期坚持落实的基本国策。目前是个重大转折发展的关键时期，各种各样的新思想、新观点、新名词、新技术，层出不穷，琳琅满目，让人目不暇接，无所适从。千言万语归结为一句话：北斗导航是聚焦点，新时空体系是突破口，它们是把控"牛鼻子"的抓手，是运载体。

"创新"与"融合"必须继往开来，当前在中国荟萃人口的新技术中，北斗系统独有的航天、信息、时空特质，恰恰具备这两大"牛鼻子"载体功能，北斗是中国人具有自主创新的航天重大系统工程，是今后相当长一段时间内中国能够真正走向全世界、服务全人类的屈指可数的高科技系统；北斗系统和新时空服务又是国家重大信息基础设施，是服务国计民生的重大技术支撑系统，是国家安全保障的重要威慑力量和战略大器；还是提供时间空间信息两大基准参量的信息源，是万变不离其宗的智能信息服务工具库，是创新的核心推动力、融合的基础支撑力和共享的协同穿透力。

"创新、融合、分享、服务"，这是新时空体系及其产业发展的主题和脉络，坚持这一主题和发展战略是我们中国人今后相当长阶段的方向任务和历史使命。中华民族伟大复兴绝不是轻轻松松就能实现的，中国越发展壮大，遇到的阻力和压力就会越大。从这个经验看，又一个关键是时机和决断。历史的机遇往往稍纵即逝，我们正面对着推进科技创新的重要历史机遇，机不可失，时不再来，必须紧紧抓住。我们在不断前行的过程中，要牢牢地把握住大方向，这就是：新时空体系，融合引领跨越；时代精神，分享彰显人本；智能信息，服务为民圆梦。

5.5.4 体系创新将全面推进安全、经济、社会、民生持续发展

必须抓住中国北斗系统建设以及 GNSS 演变的重要契机，利用卫星导航这一新一代信息技术和新时空技术，大力和全面推进卫星导航的"五化"（技术国际化、产品国产化、应用大众化、服务产业化和市场全球化）进程，谋求中国卫星导航产业的高速度、可持续和跨越式发展，进而推进最为重要的战略性新兴产业，即智能信息产业的快速和大规模产业化发展，形成国民经济新的增长点和产业集群，推动信息产业的全方位多层次的升级换代，为转变国民经济发展增长方式，实现结构性改变奠基铺路，为可持续发展添砖加瓦、跃马扬鞭。新时空服务体系，是以北斗系统为基础的科学理论、技术实践、产业发展和社会进步的新技术革命的新兴生态体系，是以科学发展观引导市场走快速发展、绿色发展、智能发展、跨越发展、规模发展和可持续发展道路，大力推进以北斗系统为核心、新时空服务为主线的智能信息产业体系，加强与国外系统的交流合作，最终实现这一战略性新兴产业的高速度、跨越式和可持续发展，促进低碳经济和绿色发展，全面服务于国家安全、经济发展、社会进步、人民幸福和大国和平崛起，实现中华民族伟大复兴的历史伟业和许多代的共同梦想。

参 考 文 献

曹冲. 2009. 战略性新兴产业卫星导航面临的机遇和挑战. 见中国全球定位系统技术应用协会. 卫星导航产业发展与对策. 北京：测绘出版社. 3～6

曹冲. 2010. 中国的卫星导航产业与新一代信息技术. 见中国全球定位系统技术应用协会. 卫星导航产业机遇与挑战. 北京：测绘出版社. 3～7

曹冲. 2011. 北斗产业化与新兴的智能信息产业研究. 见中国全球定位系统技术应用协会. 卫星导航系统应用与繁荣. 北京：测绘出版社. 3～8

曹冲. 2012. 自主性北斗系统引领智能信息产业，新时空服务体系开拓泛在导航服务. 见中国卫星导航定位协会. 卫星导航定位与北斗系统应用. 北京：测绘出版社. 3～10

曹冲. 2013. 北斗新时空引领中国大数据时代. 见中国导航定位协会. 卫星导航定位与北斗系统应用—应用北斗，光彩中国. 北京：测绘出版社. 3～8

曹冲，景贵飞. 2014. 以北斗导航为基础，开拓时空服务新时代. 见中国导航定位协会. 壮大北斗应用，创新位置服务. 北京：测绘出版社. 3～9

曹冲，陈勋，李冬航. 2011. 北斗伴咱们走天下. 北京：中国宇航出版社

杰里米·里夫金. 2014. 零边际成本社会. 赛迪研究院专家组译. 北京：中信出版社

凯文·凯利. 2011. 科技想要什么. 熊祥译. 北京：中信出版社

克莱·舍基. 2012. 未来是湿的：无组织的组织力量. 胡泳，沈满琳译. 北京：中国人民大学出版社

兰·费雪. 2013. 完美的群体：如何掌控群体智慧的力量. 邓逗逗译. 杭州：浙江人民出版社

尼古拉斯·克里斯塔基斯，詹姆斯·富勒. 2013. 大链接：社会网络是如何形成的以及对人类现实行为的影响. 简学译. 北京：中国人民大学出版社

萨旺特·辛格. 2014. 大未来：移动互联时代的十大趋势. 李桐译. 北京：中国人民大学出版社

史蒂文·约翰逊. 2014. 伟大创意的诞生：创新自然史. 盛杨燕译. 杭州：浙江人民出版社

涂子沛. 2014. 数据之巅：大数据革命，历史、现实与未来. 北京：中信出版社

托马斯·弗里德曼. 2014. 世界是平的. 何帆等译. 长沙：湖南科学技术出版社

詹姆斯·格雷克. 2013. 信息简史. 高博译. 北京：人民邮电出版社

索　引

B

北斗一号　88

北斗二号　90

C

磁层　85

D

大气效应　83

大千世界　18

大小"金三角"　54

导航　33

电离层　83

电子生成率　84

电子消失率　84

定位　33

对流层　83

对流层延迟　85

多径效应　83

多普勒效应　16

G

广域增强系统　61

GNSS　61

J

兼容和互操作　63

接口控制文件　66

绝对时空观　31

K

可用性选择(SA)　61

空间　24

L

六度分隔理论　115

M

码分多址　70

Q

强连接　115

群氓　148

R

弱连接　115

S

赛博时空　148

"三合土"　54

时间　24

时空一体　58

世界协调时(UTC)　34

授时　33

四维空间　23

四位一体　58

T

天基 PNT　33

通信网络定位　17

W

卫星导航　33

伪距　72

位置服务　17

无源测距系统　70

无源导航定位系统　73

X

相对时空观　31

新社会形态　53

新时空技术体系　113

信息　5

信息论　11

信息系统　35

信息元　35

信息总量　35

Y

有源系统　73

宇宙　22

宇宙全息论　19

原子时　34

Z

载频　70

智能信息产业　125

中国新时空服务体系　125

自主时空信源技术　135

准天顶卫星系统　73

子午仪导航卫星系统　69